大魚讀品
BIG FISH BOOKS

让日常阅读成为砍向我们内心冰封大海的斧头。

为何家会伤人

武志红 著

北京联合出版公司

序
这是一本温柔的书，也是一本有用的书

2007年1月，我在天涯杂谈上发表了帖子《谎言中的No.1：没有父母不爱自己的孩子》，这个帖子迅速成为热门。

2007年5月，我的第一本书《为何家会伤人》出版，也立即成为畅销书，到现在已重印二十余次，销量数十万。

豆瓣上那个曾惊世骇俗的小组"父母皆祸害"里，一直到现在，我的文章《谎言中的No.1》都是他们置顶的第一篇文章。

有网友将《为何家会伤人》与鲁迅的《狂人日记》相提并论，说我写出了中国家庭也在吃人的真相。这种说法让我受宠若惊，因为这本书主要是采访别人而来，我没有鲁迅那种洞察力。不过，的的确确我将完成这样一件事——从宏观和细节上，都写透中国家庭的伤人之处。

先说说我的家庭。我没挨过父母一次打，也没挨过一次骂，要十块钱，给十五，而我人生中的重大选择，都是我自己做的，父母就算反对，也绝不干涉。

因在这样的家庭长大，我对中国家庭伤人的可怕之处，一开始的认识相当不足，直到2014年初，才终于形成了一个全貌般的认识。这个过程可以分成七个阶段：

第一阶段是刚在《广州日报》主持心理专栏时。我的第一篇专栏文章就引起很大反响，从此每天都会收到数十乃至数百封信，对于中国家庭的直观认识，我是通过阅读这些信件、采访心理咨询师和分析新闻报道而来。虽然听到的故事足够可怕和变态，但我最初真觉得，我的文章是写给少数人的。毕竟，《广州日报》有一百多万订户，读者达数百万，每天收到几十几百封信算什么。

第二阶段开始于报社的一次活动。那是在广州一个小区办的，我给三十来个成年人讲了半个小时的家庭心理学，很明显，他们并不了解我，不是我的忠实读者。不过，我的讲话触动了他们，其中七八个家长想和我多聊会儿，于是我和他们集体聊了一个多小时。聊着聊着，我产生了一种错觉：我觉得自己不是在正常的人世间，而像是在疯人院。每个家长都在严重地伤害孩子，但丝毫没觉得自己有问题，都认为错在孩子。

于是，我第一次想，我的文章或许是写给多数人的，可能多数的中国家庭都有很严重的问题。

不过，对于这些问题的严重程度，我仍然远缺乏认识。

第三阶段是在上海海事大学女研究生杨元元自杀一事之后。杨元元死于母亲对她的病态寄生。这一事件，让我觉得无以复加不可思议。我就此事发了一篇博客，一天内的回复量惊到了我。那是我的博客在未被推荐下获得的最高回复量。为什么如此极端的事触动了这么多人呢？

接着，多名来访者告诉我，这种病态的母女共生关系，在他们老家很常见。

由此事，我开始想，也许中国家庭内隐蔽的问题之多，情形之严重，根本不在我的预料之内。好吧，我保持开放的心，想看看它还能达到什么地步。

开通微博后，这一认识迅速进化了。

第四阶段源自一则新闻，某女子养了一只猫，和猫建立了非常亲密的依恋关系，但一天她回家，发现猫不见了，原来是被她妈妈给卖了。自此她努力挣钱，五年后卖了自己的房子，然后对记者说，她想找到那只心爱的猫。

我在微博上随手发了这一新闻，觉得这事也非常极端。那可是女儿心爱之物，母亲怎么可以这样处理？再者，这是女儿养的，你就算想赶走，也得和女儿商量吧？

微博一发，迅速引来了几百条回复。然后，我这条微博成了一个可怕的微博，网友们哗哗地吐槽说，这算什么，我养的宠物被杀死后，还得一起吃肉。最残酷的一个故事中，一网友的宠物是只小鸡，而父亲将他（或她）和小鸡关在阳台上，给一把刀，说要杀死那只鸡后才放他（或她）出来。原来，电影《武侠》中，甄子丹的马被义父杀掉并诱他吃肉，是源自真实的生活。

可残酷没尽头！咨询中，我听了多起堕女胎的事，也听到几起杀女婴的事件。再没有比杀死自己孩子更残酷的事了吧，所以我觉得这不该是常见现象，但我就此发表的一系列微博让我知道，在这块土地上，有太多女婴的冤魂，而且她们被杀死的方式，可怕到极点。这些故事的残酷程度，远胜于异族屠杀，因你是死于父母至亲之手。这巨大的震惊把我对家庭的认识带入了第五个阶段。

第六阶段，是我在微博上展开的关于中国式家庭的探讨。该系列微博在网友中反响热烈。发生在家庭内部的种种事件里，虽然没有直接的血腥味，但对个人精神的损害甚至绞杀已是巅峰，什么传销、洗脑、斯德哥尔摩综合征，比起中国式大家庭对反抗者的手段，实在小儿科。我们，真的还生活在这样一个社会，外部的秩序固然不够健全，但家庭里面的黑暗，有过之而无不及。

我对中国式家庭问题认识的第七阶段，得益于从 2007 年开始的心理咨询。如果说前面提到的故事向我展现了中国家庭的残酷外貌，而持续数年的心理咨询，则细致入微地向我揭示出中国家庭的运行机理。从一不小心看到进而关注这个领域开始，我几乎日日与之厮磨，我为看到的这一切感到震惊、痛苦，情绪为之起伏，在思索与探求的道路上经历黑暗与光明。到了2014年上半年，我终于觉得，自己总算看到了中国家庭问题的基本面貌，捕捉到了中国家庭的一些关键。这些关键的一端连接的是注定会成长于某个家里的每一个人，他们的人格发展、莫名又持久的情结、难以大声说出但深深受伤的心灵；另一端连接着的是中国社会乃至中国历史文化。

为何家会伤人？未来，我将连续写多本书，将这些运行机理，淋漓尽致地描绘出来。

这本《为何家会伤人》（升级版）算是这个系列的第一本，是对2007年版的一个修订和升级。我修订了一些文章，并新增加了最近这两年来的思考文字（共约6万字）。其实，在我这个系列的框架设想中，这还是本很温柔的书，它探及的是那些最基本的问题，容易看见的暗影。但这本尚算温柔的书，对于过度强调孝道和中国父母如何爱孩子的国度而言，也算是石破天惊了。

不过，想说一句：从我的行文可看出，我真的无心追求什么石破天惊，我只是细致地、如实地描绘而已。同时，更重要的是，借助心理学的理论，我们可以清晰地看到，中国家庭的那些机制，是如何运作又是如何伤人，而它又可以如何被改善甚至避免。

所以，这也是一本有用的书，可以帮助你认识你自己，改变你自己，以及改善你的家庭关系。

我以前和以后的书，都会具备这一功能。

目录 CONTENTS

CHAPTER 1
夫妻关系是家庭的核心

每一次分手都是心灵的修复 / 002

缘分＝娶回"妈妈",嫁给"爸爸"? / 016

别拿自己的尺子量对方 / 027

不要把权力规则带回家 / 040

孩子不该是你的最爱 / 050

CHAPTER 2

分离是生命中永恒的主题

妈妈是婴儿的镜子 / 060

父母不是孩子的答案 / 067

分离是生命中永恒的主题 / 073

男孩归爸爸，女孩归妈妈 / 084

宠爱自己——溺爱的心理真相 / 095

溺爱＝过度地阻碍 / 107

对物质的追求是对爱的渴望 / 115

密不透风的"爱"源于自私 / 121

精神分裂如何发生 / 128

痛苦的童年为神经症"播种" / 131

青少年太听话不是好事 / 141

孩子有问题，大人先自省 / 149

目录 CONTENTS

CHAPTER 3

别把焦虑转嫁给孩子

别把焦虑转嫁给孩子 / 156

孩子为何把网络当成"安全岛" / 169

考试瘾比网瘾更可怕 / 179

孩子总考砸,可能有内情 / 186

高十二、初九与压力 / 193

和孩子一起直面高考失利 / 198

家有失败留学生怎么办 / 205

如何一年圆"北大梦" / 208

教孩子知识,不如给孩子爱 / 219

教育是为了孩子,还是为了大人 / 226

父亲太暴躁不是你的错 / 234

孩子当不了家庭的保护神 / 240

CHAPTER 4
中国式家庭

你的感受如何被扭曲 / 246

你的身体，是不是别人的奴隶？ / 252

唤醒你沉睡的活力 / 256

碰触你的内在婴儿 / 269

愚孝是怎样炼成的？——对迎合者的心理分析 / 279

中国家庭中的轮回链条 / 288

有关爱的六个谎言 / 292

中国人的情感模式 / 304

CHAPTER 1

夫妻关系是家庭的核心

每一次分手都是心灵的修复

每个人至少要经历两次"诞生"。

第一次是从妈妈的子宫里出生。子宫是婴儿完美的居所,离开这个居所,是一个痛苦的分离过程。但这个痛苦却换来了一个新生命。

第二次是恋爱。我们一生中会与许许多多人建立许许多多种关系,但恋爱是我们生命中能自主建立的最亲密的关系。只论亲密度,亲子关系一点不比恋爱关系逊色。但是,亲子关系是天赐的,好父母也罢坏父母也罢,我们没的选择,只能接受,而恋爱关系却是我们自己选择的。

"正是因为可以选择,我们自己的人生才有了意义。"咨询师荣伟玲说,"恋爱是一种特殊的选择。其实,我们无意识中都将恋爱当作了治疗,目的是修正我们童年的错误,其表现就是,恋人多数时候都是我们选中的理想父母。现实父母或多或少让我们不满意,我们心中都藏着一个理想父母的模型,它是我们选择恋人的基石。"

如果治疗获得成功,不仅童年的错误得以修复,我们还会真正成为一个有独立人格的人，这是人格成长的最重要的一步，也是与家分离的最后一步。然而，不幸的是，很多恋爱治疗没有获得成功，反而留下了更深的疤痕。之所以如此，主要原因是我们没有处理好爱与分离这一对矛盾。

"恋爱，其主要意义不是让我们找到一个能相处一辈子的伴侣，而是让我们真正明白自己是一个独立的人，伴侣是另外一个和自己一样独立、一样重要的人。并且，我们还深深地懂得，这两个相互独立的人，又能无比亲密地相处。"

"恋爱是亲子关系的复制。"荣伟玲说，"如果童年幸福，我们更可能复制幸福；如果童年痛苦，我们更可能复制痛苦。"

当然，恋爱不是对亲子关系的简单复制。实际上，我们不会简单地按照现实父母的原型去寻找恋人，我们其实是按照理想父母的原型去寻找恋人。

理想父母都有一个特点：能给予我们无条件的爱。我们自己需要这种无条件的爱，我们也知道恋人需要这种无条件的爱。所以，在恋爱前期，我们会积极地给予对方无条件的爱，或者用直白的方法，或者用狡猾的方法，总之都会让对方感觉到：不论你做什么，我都会一如既往地爱你，我的爱是没有条件的。

获得了足够的无条件的爱之后，我们会变成孩子，恋人也会变成孩子，我们一起退行到童年。这时，我们互为对方的理想父母，又互为对方的孩子。这是恋爱的关键期，这个阶段决定了我们是重复童年的错误，还是修正童年的错误。

恋爱不只是两人现在的舞蹈，也是两个家庭过去的舞蹈，因为我们的舞步是在童年学会的。

案例：重复童年的错误

岳东[①]是某省电视台有名的花花公子，已34岁的他换了不知多少个女朋友。在2012年的最后一天，他陷入了崩溃状态。他想起了初恋女友阿静，有一种说不出的感觉触动了他，他关上门、拔掉电话、关上手机，从早上一直哭到晚上。

这一天对他有很重要的意义，阿静正是十年前的这一天离开他的。从19岁开始谈恋爱，他们两人一直相爱了五年，最后阿静因为受不了岳东的挑剔而离开了他。此后，英俊的岳东开始了他的风流史，到现在已记不清有过多少女友了。"谁都比阿静漂亮，谁都比她学历高、能干、挣钱多。"岳东常对朋友们说，"你们别误会，我常提到她并不是在乎她，我要感谢她主动离开我，让我现在过得这么精彩。"

不仅这么说，岳东自己一开始也是这么想的，因为阿静与他后来的女友们相比，的确算不上优秀。只是在2012年12月31日那个晚上，他忽然梦到了和阿静相处的日子。等凌晨从梦里醒来时，岳东发现自己已泣不成声。

她发誓要化解他心中的伤痛

他清晰地记得刚认识阿静的那段日子。当时，19岁的他刚上大一，在一所综合性大学读中文系，是系里有名的"帅哥+才子"，一次在与另外一个学校搞联谊活动时认识了阿静。阿静不算漂亮，但很耐看，人很文静，而且善解人意，岳东很喜欢去她的学校和她聊天。聊天的内容主要是半开玩笑的倒苦水。岳东6岁时爸爸患病去世，16岁时妈妈出车祸去世。他不留恋爸爸，

---

① 化名。本书里于心理咨询中出现的名字，除咨询师外，均为化名。

因为爸爸在他心目中是一个"无能的暴君，自己没本事，就爱拿我出气"。他也不怀念妈妈，因为自爸爸去世后，她一直不断地换男朋友，而且每一个男朋友似乎都比儿子更重要，她出车祸时也是在去见男朋友的路上。"谁都不爱我，所以我只能靠自己。"他经常这样对阿静说。岳东不仅才华横溢，也颇有生意头脑，早在高中时就南下广东倒腾过几次电器，挣了几笔小钱，养活自己不成问题。

阿静爱上了岳东。1997年12月31日中午，她带着面皮、饺子馅和自己亲手做的几个菜去了岳东简陋的家，和他一起包饺子过了这一年的最后一天。晚上，"一生中第一次感受到家的温暖"的岳东恳求阿静做他的女朋友，阿静幸福地流着眼泪答应了，她发誓要好好照顾岳东，化解他心中的伤痛。

阿静也是这样做的，在长达五年的恋爱中，她无微不至地照顾岳东。她很传统，但当知道岳东晚上常做噩梦后，她主动要求和岳东住到一起。此后，岳东很快胖起来，半年后，身高一米八的他，体重从原来的60公斤增加到了75公斤。细心的阿静还把他的家收拾得干净温馨，他冰冷的家终于有了生气，岳东常对阿静开玩笑说："我现在终于知道什么是蓬荜生辉了，你让我这个破家的每一个角落都有了光。"

"你妈妈欠你，但我不欠你"

但是，相处近一年后，岳东对阿静变得越来越挑剔，而他自己也变得越来越邋遢。原来他经常和阿静一起做家务，但现在这成了阿静一个人的事情。相处近两年后，他对阿静的挑剔变成了嘲讽。三年后，嘲讽变成了恶言恶语的攻击，他将自己在文学上的才华用来侮辱阿静，嘲笑她笨、难看、土……总之，他能敏锐地捕捉到阿静的每一个缺点，然后加以无情地嘲讽。他对阿静与其他男性的交往也非常敏感，经常跟踪阿静，那些与阿静交往比较多的男同学，无一例外都遭到了他的仇视。

一开始，阿静一直忍耐。到了最后两年，她实在受不了了，几次提出分手，但经不住岳东的恳求，又和他复合。直到2002年12月31日，阿静准备好和五年前一模一样的饺子和菜，沉默不语地和岳东吃完"年夜饭"后，最后一次说了分手。岳东懂得她这一次的坚决，没有纠缠，让她离开了。

此后，他们再没有联系，岳东只是从朋友口里知道，阿静结婚了，生了个女儿，老公是一名硕士，长得普通，能力一般，但很爱阿静。而岳东则开始了自己的风流史，他每三四个月换一次女朋友，而上过床的女人更是不知有多少。"她们哪一个比阿静强，都比她漂亮。"岳东说。但是，他对女人却越来越讨厌，他说女人无一例外都是势利眼，"女人都是靠男人养活，都不知廉耻，你见过有像男人一样工作卖力又讲义气的女人吗？"

但是，岳东内心深处知道，起码有一个例外，那就是阿静。在长达十年的日子里，他几乎从来没有梦见过阿静，但就在那天晚上，他梦见阿静第一次挎着一个篮子带着那一堆热气腾腾的饭盒来到他家时的情景，只是阿静走的时候却变成了2002年12月31日和他决绝分手时的样子，她平静地对他说：

"你妈妈欠你太多，但我什么都不欠你的。我喜欢你，仍然爱你。我知道你想找一个理想的妈妈，我也试着去扮演这个角色。我尽力了，但是抱歉，我做不到。"

说完这句话，她转身离去，梦中的情形和当时一模一样。但转身之后，阿静的背影看起来那么像他的妈妈，他在梦里仿佛又听到汽车刺耳的声音——那是妈妈出车祸后经常折磨他的声音。然后，他从噩梦中醒来，发现自己的枕头已被泪水浸透。

从理想父母到现实父母

恋爱到深处，我们会变成孩子。

这就仿佛是在做心理治疗的时候，一旦心理医生给足病人无条件的积极关注，病人的心态就会退行到孩童时代。许多心理问题都是在孩童时代造成的，这些源头就仿佛是一个脓包，我们把那个伤痕包起来，眼不见心不烦。要治疗这个问题，就必须去碰触这个脓包。但是，我们知道，有人会出于恶意去碰我们的脓包，目的是让我们疼。只有特别信任一个人的时候，我们才会让他去碰触这个脓包。只有心理医生给予病人无条件的积极关注，病人才会相信心理医生，不去制造任何障碍，让他去碰触它。

生理上的脓包很容易碰触，但心理上的脓包却很难。心理医生要想搞明白脓包的位置和状况，病人就必须退行到受伤害时的状态。如果是童年受的伤，就必须退行到孩子时的样子。

恋爱是同样的道理。"无意识中，我们都将恋爱当成了治疗，希望恋人能扮演理想父母的角色，将我们治好。"荣伟玲说。我们将这个愿望投射到恋人的身上，如果恋人很在乎我们，他就会主动去满足我们这个来自无意识的愿望，去扮演理想父母的角色。一旦我们觉得恋人的确符合自己理想父母的形象了，我们就会变成孩子。

但问题是，有好孩子，也有坏孩子，而且必然是，健康家庭会养出好孩子，糟糕的家庭会养出坏孩子。

我们重复错误是因为想治疗

岳东和阿静的恋爱过程正是如此。

阿静在一个相对健康的家庭长大，她的父母都很爱她，她小时候和所有的孩子一样将父亲当作偶像来崇拜，但长大了一些之后，她发现父亲其实非常平凡，他相貌普通，能力一般，并不很受人尊重，而且也缺乏一些精彩。这些发现让阿静感到失望，她心中逐渐产生了一个"理想父亲"的原型：他才华横溢、英俊潇洒。而岳东正好符合这个原型，所以她第一次见到岳东就爱上了他。

阿静正好也符合岳东"理想妈妈"的原型。岳东对妈妈非常失望，她虽然漂亮、能干、富有才华，但过于风流，而且他觉得她一点都不关心自己，他的"理想妈妈"应能给他温暖、安全和无条件的爱。

阿静也正是这样做的，她非常爱岳东，所以一开始就扮演起了岳东理想妈妈的角色，无微不至地照顾他，无论他怎样对她，她仍一如既往地爱他。等她给足了岳东无条件的爱之后，岳东很快退行到了孩童时代，变成了一个"小孩子"。

但问题是，对于阿静来说，这个小孩子实在太糟糕。"现实妈妈"欠他太多，他现在要"理想妈妈"来还债；"现实妈妈"非常花心，他现在也怀疑"理想妈妈"会一样风流；他对"现实妈妈"怀有很多愤怒的情绪，现在他将它们发泄到了"理想妈妈"身上……

在心理治疗中，这种现象被称为"移情"①，即病人将亲子关系的模式转移到他和医生的关系上来。移情是心理治疗的契机，有经验的心理医生会利用这个契机将病人拉出无意识的阴影，将他带入光明。如果阿静是一名心理医生，她就会知道，岳东将自己的脓包呈现在了她面前，她可以对这个脓包下手术刀了。但是，只有经过专业训练的人才懂得这一点，才知道怎样下手术刀，而阿静不是。最后，她只好退却。

---

① 心理分析里的移情，是指患者在童年时对一个客体（尤指父母）的情感，在治疗过程中转移到另一个客体或人身上，通常这个人是病人的心理分析师。

> "我们之所以会在恋爱中重复童年的错误,是因为我们无意识中想得到治疗,"荣伟玲说,"只是,如果病得又重又缺乏改变的动机,我们就不是好的病人,再优秀的心理医生对此也无能为力。"

案例:修正童年的错误

岳东的童年太过悲惨,他病得太重。但更成问题的是,他缺乏改变的动机。阿静是他最理想的恋人了,他以后那些数不清的恋人没有一个能像阿静这样爱他,没有一个肯去扮演他理想中的妈妈。本来,在这么好的条件下,如果他也试着去反省自己的人生,去主动改变他的行为模式,那么这会是他最重要的被拯救的机会。但是,他不想改变,他认为父母应该对他的人生负责任,而他没有责任,他常说:"我的人生太不幸了,我成为这个样子不是我的错。"

"在心理治疗中,只有当病人有强烈的改变动机后,心理医生才可能发挥作用,"荣伟玲说,"在恋爱中也一样。"

24岁的张莉在广州一家外资公司工作,她爱上了大她三岁的同事王江,因为王江符合她理想中的男人形象。

张莉在广州长大,3岁时,她爸爸跟另外一个女人离家出走,直到她16岁时才回家重新与妈妈复合。因此,张莉恨爸爸,她发誓一定要找一个和爸爸完全不同的人,"不能再让孩子重复我童年的灾难"。王江正是这样一个人。张莉的爸爸风流倜傥、能言善辩,而王江则稳重诚实,不善言辞,但很聪明能干。

王江在农村长大,虽然过去的日子艰苦,但爸爸妈妈爱他,他也爱爸爸妈妈,一家人也其乐融融。

恋爱第一年，两人相处很好，张莉将王江的生活照顾得井井有条，对王江的父母也很尊敬。王江对张莉也非常在乎，虽然在农村长大，但他非常浪漫，每一个节日他都会给张莉制造意想不到的惊喜，无论去哪里出差，都记得给她带回她喜欢的礼物。

"你是不是怕我和你爸爸一样"

但到了第二年后，两人有了一些麻烦。张莉经常为一些小事情和王江吵架，也慢慢地对王江越来越不放心，开始查王江的电话和电子邮件，甚至他的行踪。王江一开始比较宽容，但这些事情多了以后，他也逐渐地失去了耐心。去年年底，两人终于在家里狠狠地吵了一架。吵到最后，张莉坐在地上伤心地哭了起来，就像一个小孩子那样。

就在这一刻，王江仿佛明白了什么，他问张莉："你是不是怕我和你爸爸一样，所以才跟踪我，不相信我？"

这一句话击中张莉的伤心处，她抱住王江，号啕大哭起来，仿佛要将童年的那些伤心都哭出来一样。王江明白了什么，他一句话不说，只是紧紧地抱着张莉。

等张莉平静下来之后，王江和她谈了很久。最后，张莉明白，不仅她跟踪王江是在重复童年的错误，经常为一些小事和王江吵架也是在重复童年的错误。原来，张莉妈妈的工作非常繁忙，她经常早起晚归，把小张莉一个人丢在家里，而且回家后也常忙自己的工作而忘记了张莉。这时候，张莉只有用吵架的方式赢取妈妈的注意，并且，一旦她生起气来，妈妈就会过来关心她。这样一来，吵架就成了张莉赢取亲人注意力的方式。现在，她之所以老和王江吵架，也是因为在潜意识中，张莉以为，她可以用吵架的方式赢得王江的关注。

但是，经过这一次深谈，张莉终于明白，王江不是她爸爸，也不是她妈妈妈。他是她最亲的亲人，但是，他是一个全新的亲人，与她以往的亲人都不同，她不需要用对待爸爸妈妈的那些方式来对待他。

等明白这一点之后，张莉不再查王江的行踪，也尽量控制自己不和王江吵架。另一方面，王江也懂得了张莉这些"不合理行为"的意义，对张莉更多了一些宽容。

"符合"不是"等于"

恋爱的蜜月期，恋人会扮演彼此的理想父母，因为我们潜意识中都会知道对方需要什么。

但是，等蜜月期过后，两个人的距离近到不能再近时，我们就会将恋人当作现实父母，以前对现实父母的那些不满，现在会转嫁到恋人的头上。而且，在转嫁时，我们就是一个蛮不讲理的孩子。恋人越爱我们，我们越不讲道理。

这是考验一场恋爱的关键时期。这个时候，我们很容易产生不耐烦的情绪，从而不愿意继续给予恋人无条件的爱。要想超越这个艰难时期，最好的情形是，一方面，我们明白自己的很多不良情绪不是因为现在的恋人才产生的，而是过去所造成的；另一方面，恋人继续给予我们无条件的爱。

张莉和王江正是这样做的。在那一场激烈的争吵中，王江突然领悟到，张莉不是在查他的行踪，也不是在生他的气，而是在查她父亲的行踪，在生她妈妈的气。并且，他将这个顿悟告诉给张莉后，张莉也立即就明白了这一点，并由此产生了改变的动力。同时，王江一如既往地给予张莉无条件的爱，而不是将这个发现当作攻击张莉的武器。这些因素综合到一起，张莉童年时的错误最后终于得到了修正。

不要将恋人当作爱的工具

"符合"不是"等于",热恋中的人必须要明白这一点。你对恋人有一种期待,恋人对你也有一种期待。很可能,你既符合她的期待,她也符合你的期待。但是,这种相互的符合只是一种运气,你们彼此并不真正懂得对方的期待。恋人不管多像你的理想父母,那也只是你的投射、你的看法,来自于你童年的期待。但实际上,你的恋人有另外一种生命体验,他是另外一个人。如果你只觉得恋人是你的理想父母,那就等于你只是将恋人当作了一个爱的工具或对象,而没有将恋人当作一个独立的人来看待、来理解、来尊重。

婚姻之所以容易成为爱情的坟墓,一个很重要的原因是,婚姻只是我们过去家庭模式的复制。恋爱过程没有完成前,我们彼此将对方当作自己理想中的父母,我们也彼此努力去扮演对方理想父母的形象。但结婚仪式完成后,理想父母回归到了现实,我们不再扮演彼此理想父母的形象,不愿意再给予无条件的积极关注。

我们总是在循环,但只要你去努力,就有机会打破这个循环。前面提到的岳东,如果他停止对父母的抱怨,开始努力,不只是索取,也去给予,那么阿静不会离开他,就算离开,他也会找到他生命中的其他拯救者。其实,即便在这种情况下,阿静已是他很重要的拯救者。如果没有阿静,岳东可能早已经产生了其他更严重的问题,譬如精神分裂症、自杀,等等。

恋爱：与家的最后一步分离

少数时候，一场恋爱会自动拯救一个人，这是爱情为什么被奉为伟大的深层原因。但是，如果特别想得救，我们就必须自己去努力。

荣伟玲说："好的父母是天赐的运气，可以让我们有一个好的心理基础。但是，生命之所以有价值，就在于我们能做选择。而恋爱，是我们可以选择的机会。如果我们不把自己全交给潜意识去指挥，努力去救自己救恋人，那么我们每一次恋爱都可以成为一个好的治疗机会。"

要想达到这一点，除了要学习无条件的爱，也要学习分离。

恋爱是与家庭分离的最后一步。并且，因为是对亲子关系的深刻复制，所以，恋爱关系也尤其难以"分离"，恋人分手带来的痛不亚于童年时父母与我们的分离。

分手一开始注定是痛苦的，因为我们有很多分离的痛苦记忆。小时候，妈妈或爸爸经常会狠心离开我们，部分是合理的，如工作、学习；部分是不合理的，如父母离婚，或他们根本就不爱我们，等等。不管合理还是不合理，我们都会受伤，因为婴儿期的我们一开始不会懂得这些。

恋爱的分离一样具备杀伤力。虽然我们现在懂得了合理与不合理，但是，因为恋爱首先是对亲子关系的复制，我们在情感上和童年一样不想理会合理与不合理，我们只看到了一点："他不要我了，像爸爸一样"或者"她不要我了，像妈妈一样"。

关系是不可预测的

童年，我们渴望稳定，渴望父母时时刻刻都守在自己身边。现在，我们一样渴望稳定，渴望恋人时时刻刻守在自己身边。但是，如果爸爸妈妈不与我们分离，那么，我们就不能成长。如果恋人不与我们分离，我们也一样不能继续成长。两人总是粘在一起，这并不是生命的自然状态和健康状态。

建立一个好的关系是非常不容易的，因为你永远无法完全左右另一个人。

既然亲密关系如此难建立，一些人，尤其是男性，干脆就放弃亲密关系，只沉浸在某个特殊领域里，并最终成为这个领域的泰斗，譬如牛顿、康德和凡·高等人。

康德仿佛很享受他的孤独，但对凡·高来说，孤独是一件可怕的事情，他一生都渴望拥有一个亲密的异性关系，只是一直都没有学会怎样去建立。

"建立关系很难，因为另一个人不可控制；发展理论很容易，因为这完全是你一个人的事情。你知道，只要付出了，就会有结果。你对未来可以预测，但关系却是不可预测的。"荣伟玲说。

再亲密的人也是另外一个人

"生命是一个过程，恋爱也尤其是一个过程。"荣伟玲说，"如果只将恋爱视为一个结果，我就是要占有我的爱人，那么一定会遭遇挫伤。"

更重要的是，恋爱不仅是一种治疗，也是一种尝试。我们在尝试寻找符合自己理想父母形象的对象，我们也在尝试是否与恋人真的合适。不分青红皂白地非要粘在一起，只会增加生命的痛苦，只会让我们不断重复童年的错误。

对于很多人来说，过去的生命中充满错误，而恋爱是一个修正的机会。以前有一个不爱自己的爸爸，那么，好的，我一定要找到一个和爸爸类似的男人，让他爱上我；以前有一个爱自己的妈妈，那么，好的，我一定要找一个和妈妈类似的女人，她会好好爱我……我们心里都埋藏着一个梦想：重复童年的幸福，修正童年的不幸。但问题是，无论我们选中的是怎样一个理想父母，那只是我们的投射。或许，对方真的非常符合自己理想中的父母形象。

但是，对方有过完全不同的生活经历，他也有一套属于他自己的理想父母形象，而你却未必符合。

即便一开始以为彼此符合，我们也必定会发现，对方不是我们想象中的人，而是完全不同的另外一个人。

这是生命中最大的教训之一，它告诉我们：**你再亲密的人也是另外一个人，是和我们一样重要、一样独立的人**。如果学到这一点，我们就会真正明白，整个世界都是由和自己一模一样的独立的人组成的，每个人都同等重要。

缘分＝娶回"妈妈"，嫁给"爸爸"？

林黛玉初进荣国府，贾宝玉便说："这个妹妹我见过。"

众人笑他的痴语，贾宝玉就又接了一句："林妹妹的神情，我好像熟悉得很。"

这是典型的一见钟情，也是恋爱中人最喜欢说的缘分。

一见钟情是什么？缘分是什么？

"前世的孽缘""几辈子修来的福分"……这是我们用来解释"缘分"的常用说法。

对于缘分，心理学也有独特的解释：缘分的确是在过去修下的，但过去不是前世，而是我们的童年，主要是在与父母的关系中修下的。

弗洛伊德认为，一个人的人格在五岁前就已基本塑造成型。不只人格，我们的情感基础也常是童年形成的。如果爸爸妈妈给了我们足够的爱与安全感，我们就会在潜意识中将爸爸妈妈当作爱情的原型，并按照这个原型去寻找恋人；如果爸爸妈妈给我们的爱很少，我们一样也容易按照这个原型去寻找恋人，只是情形更加复杂。然而，恋人和父母的原型是不同的，这就引出了许多幻灭的爱情。

案例：阿莲爱上"好爸爸"

阿莲决定与刘凯结婚的时候，她身边的朋友们非常吃惊。

阿莲性格外向，漂亮迷人，追她的男人至少有一个排，有高干子弟，年轻有为的 IT 公司副总……每个男人看上去都比刘凯的条件要好。阿莲在恋爱中的手腕也堪称高明，她将追求者们玩得团团转，自己却很少动情。

刘凯则看上去木讷老实，工作努力，在公司里是好员工；待人诚恳，在朋友们眼里是个好人。只是，刘凯属于不解风情的那种男人，也少一点生活情趣，和阿莲谈恋爱的过程中，几乎从不献花，也很少甜言蜜语，很少表达情感。

当时 31 岁的刘凯自己也不明白，阿莲为什么喜欢他。他虽然名校毕业，收入也不菲，但以前从来没有吸引过漂亮女孩。所以，当阿莲主动追求他时，他一开始都不敢相信，还以为狡黠的阿莲是在开他这个老实人的玩笑呢。

当时 26 岁的阿莲也是名校毕业，她喜欢他的踏实、他的木讷。在和别的男人谈恋爱时，她很在乎对方浪不浪漫，有没有生活情趣。但很奇怪，对刘凯，她从不提这些要求，她觉得两个人单单在一起就已经很让她满足了。

他们认识了半年后就结婚了，在婚礼上，阿莲动情地说，她对刘凯是一见钟情。

但阿莲的一些追求者在婚礼上发现了这个缘分的一丝端倪：刘凯和阿莲的爸爸特别像。不仅长相，还有动作和性格，看上去非常合拍。

在刘凯面前，她变回了小女孩

显然，阿莲在潜意识中将刘凯当成了爸爸。按照弗洛伊德的说法，男孩子有恋母情结，女孩子则有恋父情结。如果爸爸非常爱自己，女孩的童年过得非常幸福，那么，等长大后，她就会希望找一个和爸爸比较像的男人，重复她童年时的快乐。我们常说，在恋爱中，男人女人都变成了小孩子。怎样最容易变成小孩子呢？

对阿莲来说，最简单的办法，就是找到一个"新爸爸"，在他面前，她轻易回到了孩童状态。许多追求者条件更好，更浪漫，但在他们面前，阿莲不容易变回小孩子。只有在刘凯面前，她会自然地变回小孩子，重温童年。她的童年是幸福的，所以和刘凯在一起，她的幸福感觉也很容易被唤起。

案例：岳东迷上"坏妈妈"

如果说，阿莲是找了一个"好爸爸"，那么，前面案例中提到的岳东就是找到了一个"坏妈妈"。

几年前岳东在他所在的美资公司的一次宴会上，和来自澳大利亚的同事芭芭拉一见钟情，认识一星期后两人就决定结婚。当时，岳东34岁，而芭芭拉36岁。

岳东的朋友和同事们都对这次闪电婚姻惊讶不已。岳东是出了名的花花公子，高大帅气又不负责任的他不知有多少风流韵事了，公司高层一直对他"兔子常吃窝边草"的行为不满，但因为他的工作能力实在出色，所以一直没有拿他开刀，但也因此很少提拔他。金发碧眼的芭芭拉年轻时很漂亮，但现在36岁的她已颇显老相。并且，尽管已工作十几年，她现在仍只是公司一名普通职员，还有过三次失败的婚姻。

过去，岳东对女性出了名地挑剔。但这一次，他说"百分百地满意"，因为他"百分百地爱她"，而真正的爱情里，没有挑剔。

他们的确非常"合适"。在结婚前的一个月里，他们白天经常吵架，但一到了晚上又立即和好。岳东对朋友们形容说"一天不吵架，浑身都没力气"，芭芭拉也是如此。但"君子动口不动手"，两人无论吵得多么激烈，也从不动手。

然而，结婚以后，形势急剧恶化。岳东后来说，他们两人都陷入了"歇斯底里的状态"。譬如，芭芭拉要求换一个沙发套，岳东答应了但没有按时换，芭芭拉就会"连说至少一百遍，'你换不换，你什么时候换，快点去换，你不换就是不爱我……'"

岳东也迅速从"百分百地满意"变成了"近乎百分百地不满意"，他挑剔芭芭拉的一切，嘲笑她的发型、服饰、举止等，最让芭芭拉愤怒的是，他经常会说"你这个老女人"。她最在乎年龄，每次岳东一说到这个话题，她就会立即失控。岳东知道这一点，但控制不住自己，芭芭拉的年龄成了他最爱说的话题，有时会当着同事的面讥讽她。

终于，结婚后的第五天，冲突全面升级，芭芭拉打了岳东一耳光，而岳东则按着她的头向墙上撞。芭芭拉跑出去报了警，并在警察的"保护"下乘夜取了她的所有东西。第二天，她飞回了澳大利亚。这场涉外婚姻就此"游戏结束"。

岳东恨妈妈，芭芭拉恨爸爸

他们是怎么回事？为什么婚前百分百地满意，在婚后变成了百分百地挑剔？

因为，他们都是在重复过去的模式。岳东潜意识中将芭芭拉当作了妈妈，而芭芭拉将岳东视为了爸爸。但是，岳东与妈妈、芭芭拉与爸爸的关系都是一场灾难。他们这场短暂的婚姻不过是在重复童年的灾难。

岳东6岁时，爸爸患病去世。此后，他一直与妈妈相依为命。但在他14岁之前，妈妈一直想找一个丈夫，但没找到满意的。其间，她经常晚上去谈恋爱，整晚不回来，让岳东一个人过夜。而且有时一出去就是几天，将岳东托付给邻居照顾。岳东16岁的时候，妈妈遭遇车祸死去。

恨妈妈，所以恨所有女性

岳东常对朋友们说，他能长成现在这个样子实在是个奇迹，只是这个成长过程实在太痛苦，如果让他重新选择，他宁愿去死也不想再重复一遍。

谁导致了这些痛苦，岳东认为，是妈妈。他恨妈妈，认为妈妈经常"背叛"他。对于妈妈的死，他甚至没有一点同情，他认为如果妈妈不是去会男友，就不会出车祸。

并且，岳东将对妈妈的恨慢慢地蔓延到了所有女性身上。他之所以在一次又一次的恋爱中，折磨并背叛对方，只不过是他潜意识中对妈妈的报复而已。

但是恨源自爱。当碰见芭芭拉后，因为芭芭拉像极了他妈妈，他一下子爱上了芭芭拉。和他妈妈一样，芭芭拉极其情绪化，容易发怒，但高兴起来又非常有感染力，尽管芭芭拉习惯说英文，但她和岳东的妈妈一样，说起话来像机关枪一样，语速极快。

为什么岳东会挑剔所有女性，却唯独一开始"百分百满意"芭芭拉呢？这是因为，岳东的爱埋在心底，一般的女性难以唤起。只有碰见像妈妈的女性，他这种埋在心底的爱才会被唤起。只是，他的爱是孩子对妈妈的期望，是要求远多于给予的爱，妈妈没有给他的，他希望从芭芭拉的身上获得。更可怕的是，他心底里同时埋藏着对妈妈强烈的恨，结婚是一个仪式，让他百分百地将芭芭拉认同为妈妈，此后，他将对妈妈的恨宣泄到了芭芭拉的身上。

恨爸爸，所以恨所有男人

芭芭拉也一样，她和爸爸的关系也是一场灾难。她爸爸的童年和岳东有些类似，他对女性也有着强烈的恨。他恨妈妈，恨妻子，等芭芭拉出生后，他将这种恨也转移到她身上。妈妈或妻子的力量和他基本势均力敌，但幼小的芭芭拉不一样，他可以对她为所欲为，而自己不需要付出什么代价。

她恨爸爸，但为什么会对岳东一见钟情呢？因为幼小的她其实渴望赢得爸爸的爱，她相信爸爸不爱她是一个错误。长大后，这种渴望成为一个潜意识，促使她爱上和爸爸相似的人，并努力去赢得他的爱，以此证明，她能够纠正童年的"这个错误"。

同样，岳东也是如此，他在潜意识中也希望找到这样一个机会，去纠正童年的错误。

但同时，他们也渴望找到这样一个人，去恨他（她），去折磨他（她），这就等于是报复"坏爸爸"或"坏妈妈"。童年的时候，幼小的他们是没有力量去报复的，但现在他们有了这个力量。

此外，在缺少爱的环境下长大，岳东和芭芭拉都没有学会爱的能力，单靠他们自己是没有能力去纠正童年的错误的。

阿莲和"好爸爸"离了婚

所谓的缘分,在心理学看来,可以归纳为一个等式:缘分＝恋上"爸爸"或爱上"妈妈"。阿莲和岳东的故事验证了这一点。

岳东和芭芭拉的爱情是一场灾难,阿莲和刘凯又如何呢?也是一场灾难。

结婚前,阿莲对刘凯一样"没有任何挑剔"。但结婚以后,她对刘凯越来越失望。婚前,刘凯对她百依百顺,把她照顾得无微不至。但婚后,刘凯"松懈了下来",不再像以前那么用心地关心她。以前,她从不在乎刘凯的社会经济地位,但婚后,她开始挑剔,两口子一吵架的时候,她会忍不住挖苦他,说她随便嫁给哪个追求者都比嫁给他强。更要命的是,她的一些追求者,好像并不在乎她已经结婚的事实,仍然锲而不舍地大献殷勤,像对待一个公主一样照顾她。

阿莲的心理逐渐失衡了,结婚后不到半年,她开始了一场婚外情。内心非常传统的阿莲产生了强烈的负罪感,于是,她想用一种新的努力来保护她和刘凯的爱情,那就是——生一个孩子。

然而,和想象的完全相反,女儿的出生不仅没有保护爱情,反而成了他们爱情的"掘墓人"。女儿出生后,阿莲发现,她根本没有做好当妈妈的准备,很少有做妈妈的喜悦,只觉得有不尽的负担。相反,刘凯全身心地投入到女儿身上。阿莲发现,刘凯对待女儿的模式就像是以前对待她一样,女儿的一颦一笑都牵动着刘凯的心,他从不会对女儿生气,无条件地爱女儿。对此,阿莲一开始有些感动,但她慢慢地发现,女儿和丈夫之间似乎建立了一个联盟,如果她生丈夫的气,女儿一岁多时就会生她的气。她觉得自己被孤立了,成了一个局外人。最后,她接受了一个追求者,做了他的情人。

他们在春天结的婚,第二年秋天生了女儿,但却在结婚第三年的春天离婚了。阿莲主动放弃了对女儿的抚养权。

刘凯做不了一辈子的"好爸爸"

阿莲和刘凯之间到底发生了什么,让这场一开始非常美满的爱情触了礁?

很简单,因为,阿莲将刘凯当作了爸爸,但刘凯不是爸爸。

在恋爱期间,刘凯不明白阿莲为什么会爱上自己,他觉得自己不配阿莲。为了赢得她的爱,他对她百依百顺,无条件地付出,无微不至地照顾她。所以,他不仅形象、气质和性格上像阿莲的爸爸,实质上也扮演了这样一个角色,所以才唤起了阿莲对他强烈的依恋。

但这种关系不平衡。阿莲舒舒服服地做起了小女孩,但恋爱中的刘凯其实也有一颗想做小男孩的心。他们的恋爱期只有不到半年时间,兢兢业业地做半年的爸爸还是可以的,但刘凯不可能会心甘情愿地做阿莲一辈子的爸爸。一旦他放弃"好爸爸"的角色,阿莲对他的依恋也就结束了,她会发现,自己找到了一个"假爸爸"。这个基础消失后,她就会拿他和其他追求者做比较,于是发现,他根本没有自己想象的那么好。

这是一种时间上的错位。恋爱中,阿莲变回了小女孩,所以爱上了刘凯这个"好爸爸"。但实际上,她已长大,和童年相比,她的世界观已经发生了巨大变化。她可以短暂地回到童年,享受做小女孩的感觉,但她毕竟活在成年世界里,她势必会拿刘凯和其他追求者做比较。

这是很多一见钟情触礁的原因。恋爱中,我们似乎回到了童年。但其实,我们是活在一个新世界里。

一见钟情的两种形式

经常是，我们从父母身上发展出恋人的原型，这个原型就像一个模子，我们拿着这个模子去套，套中了，就一见钟情了。

在恋爱中，假设女人心目中的恋人原型是 A1，男人心目中的恋人原型是 B1。但实际上，这个男人是 A2，而这个女人是 B2。由此，一见钟情就会有以下几种形式：

完美的一见钟情

女人以为，她找到了 A1，并且 A2 等于 A1。男人也以为，他找到了 B1，而 B2 也等于 B1。这样，一方对另一方的期待和对方基本相符，完美的一见钟情就会产生。如果他们的童年比较幸福，这种一见钟情就看上去很完美；如果他们的童年比较不幸，这种完美的一见钟情就会成为一场灾难。

岳东和芭芭拉其实就是完美的一见钟情，岳东在寻找一个"坏妈妈"，而芭芭拉就是"坏妈妈"；芭芭拉在寻找"坏爸爸"，而岳东恰恰是"坏爸爸"。于是，他们强烈地相互吸引，产生了深深的迷恋和依恋。只是，他们都是对方坏的迷恋和依恋对象。

虚幻的一见钟情

更常见的一见钟情是，女人按照一个模子套中了一个男人，而且以为找到了自己理想中的恋人，但实际上这是一种似是而非，即男友只是像她的恋人原型，但骨子里却不是。男人也按照一个模子套中了一个女人，也以为找到了理想恋人，但女友骨子里其实是另外一种人。

王刚对 Lily 一见钟情。Lily 性格外向开朗，朋友们以为他喜欢的是 Lily 的这种性格。但王刚却说，第一次看到 Lily 时，从她的脸上看到了一丝"圣洁的忧郁"，所以无可救药地爱上了她。但 Lily 觉得自己一点都不忧郁，她喜欢王刚，但一直讨厌王刚对她的这个形容。

　　其实，是他妈妈的气质非常忧郁。妈妈很爱他，但告诉他，以后别找像她这么忧郁的，一定要找一个活泼开朗的。王刚也是这样找的，所以找到了 Lily。但 Lily 第一次真正打动他的，不是 Lily 的开朗，而是像他妈妈一样的"圣洁的忧郁"。

　　过去的力量是很强大的。很多时候，我们刻意去寻找与父母不同的人。但实际上，恋人真正打动我们的地方，却常常是他（她）与父母相似的地方。最常见的一见钟情是，你将对方当作 A1，于是不可救药地爱上对方。但对方没有将你当作 B2，所以没有爱上你。这样一来，单相思就会发生。

找"好恋人"，做"好恋人"

　　一见钟情是不可靠的，但一见钟情又是可靠的。

　　之所以说不可靠，是因为我们容易执着于源自父母的恋人原型。我们拿着这个模子到处去套，套中了一名异性，就一见钟情了。但对方和你的过去经常大不一样，你以为他是你的恋人原型，但这不过是你自己潜意识中对父母的执着而已。

　　之所以说可靠，是因为我们的确难以摆脱过去，源自父母的恋人原型在我们潜意识中深深扎下了根，这一点很难摆脱。

　　但比这一切更重要的，是自己要做一个"好的恋人"，也要去找一个"好的恋人"。

幼儿心中，只有"我"是唯一的主体，而将妈妈和爸爸视为客体。如果爸爸妈妈爱他接受他，就是"好的客体"，他就会最终懂得，爸爸妈妈和他一样，都是主体。于是，他不仅学会了爱自己，也学会了爱父母，并最终学会了爱其他人。从此，他对于别人，也是一个"好的客体"了。

在恋爱中，如果你找到一个"好的客体"，而自己也做了"好的客体"，那么双方就会进一步成长，真正从孩子变成成人，从对父母原型的执着化为对情侣的爱。

阿莲其实找到了一个"好的客体"，但她自己没有去做"好的客体"。

岳东也有过一次机会，从对"坏妈妈"的执着中摆脱出来。前面提到过的他的初恋女友阿静，在一个健康的家庭长大，爱他，对他也无微不至。他们相恋了五年，岳东也感觉到，自己对女性的敌意正一点点被阿静化解。

但岳东不是"好的客体"。他像幼儿依恋妈妈一样，依恋阿静。同时，他也不断将对妈妈的敌意转移到阿静的身上，从言语上攻击她。阿静懂得岳东攻击的理由，她一开始努力让自己包容他，但最终，她告诉岳东，她不想做他的妈妈，然后逃离了他。

不妨说，对"坏妈妈"的执着是岳东的一个魔咒，这个魔咒解不开，他就会一直对女性充满敌意。遇见一个"好妈妈"可以部分化解他这个魔咒，但他自己也必须学会做一个"好的客体"。

别拿自己的尺子量对方

每个人的生命体验最后构成了一个现象场,它就像是一个人认识世界的坐标体系。

亲人间的理解之所以很难,关键原因在于,我们习惯从自己的坐标体系出发,去推测、揣摩、评价甚至抨击另一个人,却完全忘了,对方也有一个现象场,有一个与自己完全不同的坐标体系。

同一件事情,因为坐标体系不同,不同的人就有不同的认识。家里主要处理的是感觉,理解和接受彼此的感受是核心。

如果,你渴望理解对方,就必须学会放下你的坐标体系,尝试着进入对方的坐标体系,这是抵达理解的唯一途径。

"很多人抱怨'我无法理解配偶到底是怎么一回事',这是我在做婚姻咨询中最常碰到的问题。"广州的黄家良咨询师对我说,"之所以出现这种局面,是因为当事人总是无法做到如其所是地去理解对方。"

"什么叫如其所是呢？就是，对方怎么感受的，这才是事实，我们要按照对方的感受去理解他。"黄家良说，"但是，很多人习惯上认为，重要的是发生了什么事实。但是，他却不知道，这只是他眼中的事实，而不是对方的事实。"

黄家良说，每个人都想理解配偶，但因为几个常见的错误，我们常常很难让配偶感觉被理解。

一、**揣测**。我们以为，作为最亲密的伴侣，我们非常了解另一半。有人说："他一张嘴我就知道他想说什么。"这是真的，但是，我们常常只知道配偶会"说什么"，但却根本不理解配偶说这些话时的感受。很多时候，配偶的情绪再明确不过了，但我们仍执着于自己的坐标体系，用这个体系去揣测他的意思。

二、**评价**。在坐标体系中，我们位于中心，是唯一的主体，其他人都被放在坐标体系上，是我们的分析对象。其他人都是"外来物"，要保持这个体系的平衡和稳定，我们必须去评价一个人，否则就觉得不安全。夸奖和批评都是我们的工具，目的是控制对方。对于亲密关系来讲，这是最糟糕的事情了。

三、**出主意**。对方一说到"问题"，我们就急着去出主意、提建议，忙着为对方"解决问题"。但实际上，对方多数时候只是为了借"问题"宣泄情绪，根本不需要我们的建议。并且，我们是从自己的坐标体系出发为对方出主意的，这会严重地妨碍理解的达成。

揣测："我的丈夫有外遇"

"听说成功男人 40 岁离婚已是定律，我的丈夫是不是也这个样子？"徐太太给我写信问道。徐先生现在是一家外资公司的副总经理，徐太太是公务员。

徐太太已结婚十五年。前十年，他们两地分居，她在江西，丈夫在广州。分居虽然痛苦，但她和丈夫相互支持，相互鼓励，关系一直不错，很少争执，也很少吵架。五年前，她调到广州，但没想到相聚不如不聚。这五年，两口子不断发生争执，激烈争吵已经不下20次了。徐先生不止一次提到"我们早晚要离婚的"。

"他是不是想找碴闹离婚？"徐太太问，"我自问自己没有任何问题，每次都是他挑头吵架。"

"你们常为什么吵架？"我问她。

"每次都一样，"徐太太说，"都是因为我要见男同学或男同事。"

徐太太举了最近一个例子：两个月前，她一个男同学来广州出差。在调动工作时，这个同学帮了不少忙，徐太太决定款待他。和往常一样，徐先生极力反对，但徐太太执意要去，两个人因此吵得天翻地覆。"他为什么这么不近情理？"徐太太问，"人家帮过我们大忙。"

"他为什么这样做？"为了解开心中的疑惑，徐太太请教了很多同性朋友，"成功男人40岁换太太"这种说法就是从她们那里听来的。她们纷纷建议她留意一下，看看徐先生是不是在外面有了女人。虽然没找到任何迹象证明丈夫有外遇，但徐太太认为"这是唯一能解释他整天找碴的原因"。

"他不让你和男同事、男同学交往，那他自己呢？"我问。

"他对自己的要求也一样，倒没有推行两条标准。"徐太太说，除了必需的公事来往，丈夫从来不去单独见女同学或女同事，他常以此为标准要求她也这样做。

"但我问心无愧，我绝对不会做背叛家庭的事。"徐太太激动地说，"为什么要听他的？他的要求太没有道理。"

"你觉得委屈，觉得他不理解你？"

"是的,他根本不理解我,我这么传统的女人,这么爱家又爱他的女人,怎么可能红杏出墙?"

"这就是拿刀子割我的心"

"你理解他吗?"我问,"你有没有尝试去理解,你的丈夫为什么会提这么不合常理的要求?"

我提醒说:"任何看似荒诞的事情背后,都有它最真切的原因。如果你觉得它荒诞,那很可能是因为你不理解它。"

这一句话给了她很大触动,在电话那头,她沉默了好久。她回忆说,大概一年前,因为她要见男同事而发生一次争吵后,丈夫对她说:"或许,对你来说,这样的事情没什么。但你知不知道,对我来说,这就是拿刀子割我的心。"

这句话当时让徐太太深为震惊,她根本没有想到,丈夫会有这样的感受。只不过,这种震惊过后,她还是觉得丈夫"不可理喻"。

"你不相信这是丈夫生气的真正原因?"我问她,"所以你还是去寻找'可以理喻'的原因?譬如成功男人 40 岁换太太这个社会定律?"

"是这样,"她若有所思地说,"我错了吗?但事实是,我问心无愧啊,他也说他知道我忠诚。"

"什么是事实呢?"我说,"你所谈到的事实只是你眼中的事实。而对他来讲,事实是'拿刀子割我的心'。"

徐太太在电话那头再一次沉默。

"发生了什么并不重要,重要的是,一个人内心的感受,"我继续说下去,"感受远比所谓的事实更重要,而在家庭中,理解并接受彼此的感受是最重要的。"

要相信对方的感受

最后,我建议徐太太不要再从外面寻找答案,而应该从内在寻找答案。或许,"成功男人 40 岁换太太"是一个常识,但不一定会发生。相对于这个所谓的常识,"拿刀子割我的心"这种感受远为重要、远为真实,这才是她真正要找的答案。

我建议她最好尝试着去沟通,去理解丈夫的这种感受,如果理解了,她可能会发现,丈夫也会回报以理解,不再向她提出不能见男同学或男同事这种要求。如果无法做到这一点,最好去寻求心理医生的帮助。

徐太太这样的事情在生活中非常容易见到。他们每次吵架都是同一个原因,这是导致他们关系问题的最真实的原因。但徐太太不去看,却去外面寻找原因,而答案其实已摆在她面前,丈夫已向她表达了最真切的感受。这种发自肺腑的声音都不能让徐太太重视起来,之所以如此,是她太执着于自己的坐标体系,认为事实比感受更真实。如果找不到事实,她就去揣测出一个事实。

记住,要相信对方的感受,与其花九牛二虎之力去揣测"真正的原因",不如坐下来聆听对方的感受。

评价:"你能被提拔就怪了"

评价包括夸奖和抨击,目的都是控制对方,都是在用自己的坐标体系去评估对方。自己是唯一的主体,对方是客体。在亲密关系中,没有人喜欢这种评价。

张太太 32 岁,丈夫 34 岁,两人结婚五年,有一个四岁的儿子。现在,两口子陷入了冷战,丈夫没有和她说话的兴趣,妻子则拒绝和丈夫做爱,这种情况已经持续一年多了。张先生说,他每次一讲话,妻子就会打断他,对他妄加评论,这让他很难受。

譬如,约半年前,公司准备提拔几名中层经理,他也在列。当天一回到家,他就告诉妻子这件事情。但妻子还没听完就打断他说:"得了吧,你人缘那么差,那么不会处人际关系,你能被提拔才怪了。"

"你神经病啊!"张先生愤怒地回击太太说,"你怎么知道我人缘不好?"说完这句话,张先生扭头回到自己房间里,重重地关上了门。

张太太意犹未尽,"他骂我,我决不能饶他。"她想跟进去吵,但丈夫把门反锁上了,于是,她在门外面骂了好久。

在咨询室里,张先生说:"每次谈话都这样,我还没说两句,她就插进来。"

"这个时候,你有什么感受?"

"郁闷、恼火,觉得她不理解我,不可理喻。最后干脆就不和她说话。"

"用不说话惩罚太太?"

"是的,我知道这是一种冷虐待。"

"不说话,但是你很有情绪。"

"是的,"张先生说,"我很愤怒。每次她打断我的讲话,我都感到愤怒。"

"知道我为什么打断他吗?"听到这里,张太太激动地说,"他说话总是又幼稚又不成熟。等他把废话说完,哪有这种道理?"

"我常给他讲做人的道理。但他都当耳旁风,然后在工作上得到教训。"她说,"你说,我多着急?"

我只是想和你分享开心的感觉

"你了解我吗?你怎么知道我就升不了职?"张先生问。

"你和我都处不来,你的人缘能好吗?"张太太说。作为妻子,她对丈夫太了解了，他一张嘴，她就知道他要说什么。至于他的优点和缺点，她更是一目了然，所以她有资格断定丈夫升不了职。

并且，"我的学历比你高，职位也比你高，我肯定比你懂得多，我指点你也是理所应当的。"

"但你知不知道？"张先生说，"我三个月前就升了，全部门就我一个人。"

"啊……"张太太瞠目结舌，"那……那你为什么不告诉我？"

"我一开始就知道升职机会很高。"张先生说，"我回家告诉你，只是为了和你一起分享开心的感觉。但你的指责让我觉得像是吃了一只苍蝇。"

"丈夫把你晾在外面的时候，你是什么感觉？"黄家良问张太太。

"我一心想给他好建议，他不接受，这让我很恼火。我是关心他才这样对待他的，我怎么不去给别人提建议。"张太太憋了一肚子的委屈说，"他从不考虑我的好意，我忍不住要骂他。"

张先生用不说话的方式给妻子"冷虐待"，张太太也有自己的反击方式：她拒绝和丈夫过性生活，"不同他做爱，不给他"。

"但一年多没过性生活了，又是需求最旺盛的时候，你怎么解决自己的需要？"

"冲个凉，就压下去了。"她回答说。

"这是让我最恼火的地方。"张先生说。他一开始以为妻子是没有冲动，后来才发现妻子是在"惩罚"他。

两个人为此没少吵架，但张太太一直拒绝妥协。

"你怎么解决自己的性需要？"黄家良问张先生。

"自慰……我不是没有想过其他的方式，但我不想破坏这个家，"张先生说，"但对这个家的留恋越来越少，现在是过一天算一天。"

张先生的说法让妻子感到很惊讶。张太太说，他们从不交流性的感受，她根本不知道丈夫会通过这种方式疏导性冲动。本来，她揣测丈夫一定是在外面有女人，而且一想到这一点，她就特生气："我总以为他在外面有女人，更加不想给他了。"

> 其实张太太犯了一个最明显的错误：她太爱评价，并且偏爱批评。评价是阻断交流的最常见原因，丈夫想和她分享喜悦，但她一评价，丈夫觉得受到了伤害，就失去了交流的兴趣。
>
> 一些人之所以喜欢评价，是因为他们学来了父母对自己的交流方式。父母要指点孩子，告诉孩子什么地方做得对什么地方做得不对。但是，这是一种"我行，你不行"的关系模式，如果一个喜欢"我行，你不行"的人正好碰上"我不行，你行"的配偶，两个人的关系就会丝丝入扣，也会达成一种平衡。但是，如果对方不认为"我不行"，那么这种关系就会触礁。
>
> 并且，急于评价的人着眼点也是"解决问题"，而不是"交流感受"。张太太说，她是好意。什么好意呢？就是指点丈夫，提高他的社会竞争能力，这是"解决问题"的思路。但是，她不知道，"交流感受"才是配偶、密友等亲密关系进行绝大多数沟通的目的。

出主意，阻止了对方倒苦水

当配偶诉苦时，我们也容易出主意，因为我们容易认为，配偶遇到了问题，需要我们帮助。但实际上，配偶是想交流感受。这种思维上的错位也会惹出很多不愉快。

心理学家徐浩渊博士在《我们都有心理伤痕》一书中举到了这样一个例子：

妻：累死我了，一下午谈了三批客户，最后那个女的，挑三拣四，不懂装懂，烦死人了。

夫：别理她，跟那种人生气，不值得。（提建议）

妻：那哪儿行啊！顾客是上帝，是我的衣食父母！（觉得丈夫不理解她，烦躁）

夫：那就换个活儿呗！（接着提建议）

妻：你说得倒容易，现在找份工作多难啊！甭管怎么样，每个月我还能拿回家三千多块。都像你的活儿，是轻松，可是每个月那几百块钱够谁花呀？眼看涛涛就要上大学了，每年的学费就万把块吧？！（觉得委屈，丈夫不理解，还说风凉话，开始抱怨）

夫：嘿，你这个人怎么不识好歹？人家想帮帮你，怎么冲我来了？（也动气了）

妻：帮我？你要是有本事，像隔壁小萍丈夫那样，每月挣个三五万就真的帮我了。

夫：看着别人好，和他过去！不就是那几个臭钱吗？有什么了不起？

> 这是一次糟糕的沟通，妻子只是想倒倒苦水，但丈夫把"苦水"当成问题，急着出主意"解决问题"去了。如果他放弃这种意识，而是只倾听，那就是另外一种情形。

妻：累死我了，一下午谈了三批客户，最后那个女的，挑三拣四，不懂装懂，烦死人了。

夫：大热天的，再遇上个不懂事的顾客是够呛。快坐下来喝口水吧（把她平日爱喝的冰镇酸梅汤递过去）。（对感受表示理解）

妻：唉，挣这么几个钱不容易，为了涛涛今年上大学，我还得咬牙干下去。（感到了丈夫的理解和关切，继续倒苦水）

夫：是啊，你真是不容易，这些年，家里主要靠你挣钱撑着。我这个挣公家饭的人，最多能整个宽敞的房子回来。（表示接受）

妻：话不能这么说，涛涛的功课、人品，没有你下力，哪儿能有今天的模样？唉，我们都不容易。（感受到了接受，也回报接受。）哎，厨房里烧什么哪，这么香？

夫：红烧狮子头。（得意地笑）涛涛，别学啦，吃饭！你妈回来了。

> 前一种例子是"错位的交流"，妻子想交流感受，想宣泄烦恼，丈夫却想"解决问题"，结果误解产生。第二个例子是"丝丝入扣的交流"，妻子倒出的郁闷得到了丈夫的理解和接受，她也回报以对丈夫的接受，在单位攒下的烦恼于这短短几分钟的对话中就消除了。

部分推理："你的事实不是我的事实"

王珂结婚刚一年就吵着要离婚，理由是丈夫刘亮"不忠"。

两个月前，王珂的闺中密友说，她看到刘亮在大街上和一个年轻女子搂搂抱抱，看起来"非常亲密"。此后，王珂的几个女性朋友说，她们都看到过刘亮有这种行为。

王珂坐不住了，她开始查刘亮的电话、短信、QQ聊天记录。一个月后，她向丈夫摊牌了：

某天某时某刻，你收到了什么样的暧昧短信；

某天某时某刻，你和一个女人在大街上勾肩搭背；

……………

"你在查我？"刘亮勃然大怒，"你这个女人太恐怖了。如果你认为别人说什么就是什么，我们离婚得了。"

"离就离，你这个没良心的。"王珂哭了。但小两口实际上谁都不想离婚，他们最后决定来找心理医生。

在了解了基本情况后，黄家良问王珂："你想过没有，什么是事实？"接着，他给她列举了几种"事实"：

一、她的朋友 A 说，她看到刘亮搂着一个女人在大街上；

二、她的朋友 B 说，她也看到刘亮搂着一个女人在大街上；

三、王珂自己查到了一些暧昧短信……

但是，黄家良问王珂，这些都是围绕着一个女人的吗？

听到这个问话，王珂愣在那里。刘亮则解释说，不是一个女人。他说，他正在上一个培训班，班上的气氛很好，到了最后，"性别似乎消失了"，同性也罢，异性也罢，经常以拥抱的方式相互鼓励，在大街上走起来也很亲密。

他说："她们见到的不是事实，她们只是看到'我和一个女人很亲密'。但是，每次的女人都不一样，这才是事实……别人看到什么，那是别人的事情。但在我看来，好朋友之间没有性别。"

"我多次要你和我一起去参加这个培训，"刘亮对王珂说，"如果我和她们有什么，我可能向你提这个要求吗？""老公，对不起。"王珂知道自己错了。

> 很多人看到了同样的事情，这难道不是事实吗？这是王珂的推理，但是，她最缺乏的是丈夫那边的信息，这就导致她的推理是基于部分事实之上的，误解因此而发生。要避免这种情况，王珂应在自己产生情绪的一开始就与丈夫进行沟通，了解他的感受和他的事实。

事实推理：他常做什么 = 他爱做什么

黄家良说，我们看别人的事情，经常只是看到了表象，而不是事实。要想知道事实，就必须去了解对方的感受，这是最重要的事实。

譬如，有一对刚结婚三个月的小两口。结婚前，丈夫常陪妻子买内衣甚至卫生巾，对妻子喜欢的内裤的品牌、尺寸、号码也了如指掌。妻子经常就这一点在自己的女伴里夸耀，说找到了一个又爱她又细腻的丈夫。

但刚结婚，问题就出来了。

一天，妻子打电话叮嘱丈夫帮她买内衣。电话里，丈夫答应了。但回家后，他没买回来。当妻子问起来，他就说"对不起，忘了"。第一天如此，第二天、第三天还是如此。最后，妻子愤怒地对丈夫说："如果你总记不住，我自己去买好了。""那你就自己去买。"丈夫说。

当天晚上，妻子非常生气和懊恼，她说："不想买就早说，害得我浪费精力。"

"为什么非要我帮你呢？"

"我以前的内衣都是你买的啊！"

"但你想过没？我一个大老爷们，真的喜欢买吗？你记得我哪次是很高兴地、主动地去买呢？"

"的确没有，都是我让你买的。"妻子觉得非常震惊，她问道，"既然不想买，为什么不告诉我？"

"我怕你不高兴，怕你生气。"

黄家良说，这个案例非常经典地诠释了"什么是事实"。男朋友帮女孩买了几年的内衣，女孩就自动归纳成"他喜欢这么做"。但真正的事实只是，男孩子是"怕她不高兴"。

"重要的不是发生了什么,而是对方是怎么感受的。"黄家良说,"我们要永远记住,感受的沟通在亲密关系中是最重要的。"

时代改变了,我们爱的方式却没有改变。以前,物质很匮乏,所以爱的主要内容是保证对方的物质需求。但现在,物质需要已经不再那么重要,心理需求的重要性则日益突出。鉴于此,我们应该进化我们爱的方式,重视配偶或其他亲人的心理需求。

心理需求的核心是感受,亲密关系的一个重要价值就在于交流并相互理解和接受彼此的感受。

不要把权力规则带回家

一个人的关系可以分成两部分：个人领域和社会领域。

个人领域包括配偶、亲人、知己，最典型的是家；社会领域包括同事、同学、同乡等，最典型的是工作。

工作中的规则是权力，其运作机制是竞争与合作、控制与征服。家中的规则是珍惜，能抵达珍惜的途径是理解和接受。如果不明白工作与家的分野，而将权力规则带回家，那就形成一种"权力的污染"，会引出很多问题。

并且，这种污染在现代社会很容易发生，因为我们的社会流行成功崇拜，而走向成功的重要途径就是掌握权力规则。

在这种崇拜之下，无论成功人士还是普通人，都很容易忽视珍惜的规则，而只在乎权力规则，将其视为解开人生的主要甚至唯一一把钥匙。

在某种程度上讲，娴熟地掌握并果断地使用权力规则会让一个人在成功的路上奔跑得更加迅速，但一旦它渗透到一个人的个人领域，那势必会让这个人付出代价——他的亲密关系必然会变得一塌糊涂。

所以，如果我们珍惜家，就不要把权力规则带回家。

"家不是工作的延续，也不是工作的补充，"咨询师黄家良对记者说，"家是一个完全不同的地方，需要特别对待。如果你工作处理得很好，千万不要想当然地以为，运用工作的那一套方法，你在家中就会一样处理得很好。"

"如果你这样以为，这样去做，你就会把权力规则带回家，"黄家良说，"结果就是，你只会纳闷，为什么你的家如此冰冷，如此糟糕。"

他总结说，把权力规则带回家分以下几种：

一、以为家里的规则和工作规则是一回事，而在家中有意使用权力规则；

二、知道两者不一样，但不懂家的规则；

三、彻底抛弃家的规则；

四、习惯了权力规则，在家中放不下，就像是权力强迫症。

在家中有意使用权力：女强人吞并丈夫和儿子的世界

45岁的白丽在广州有一家房地产公司，长她两岁的丈夫张安有一家科研公司，15岁的儿子张义在一所贵族学校读高中，聪明伶俐，学习成绩非常优秀。

按说，这是一个令人羡慕的家庭。但白丽对黄家良说，她和丈夫的关系问题延续很多年了，以前还能勉强维持，现在，火山似乎时刻都会爆发，她感觉非常惶恐。

到底发生了什么呢？白丽苦笑着说，主要原因是她太能干了。

张安是谦谦君子，做学问没问题，但做生意是勉为其难。两年前，他的公司到了破产的边缘，两口子最后玩了一个蛇吞象的游戏，张安的小公司吞并了白丽的大公司。

公司合并后，张安做正总，白丽做副总。但真正打理公司的还是白丽，公司业绩很快有了改善，一年后就成为业界数得着的企业。就在这个时候，两口子的家庭战争升华到了新顶点，张安几次大发雷霆，对着白丽歇斯底里地吼叫："这是我的公司，我的地盘，你给我滚出去！滚出去！！！"

说到这里，白丽的眼泪流了下来，她说："你知不知道，我有多累。公司里，他不会做事，我必须张罗一切。回到家，他是撒手掌柜，还得我张罗一切。我是女强人，但我一样想小鸟依人，想得到男人的呵护。但他……能让我依靠吗？"

白丽说，她知道丈夫恼怒她让他显得"很窝囊"这一点。"但他有本事就改变一下窝囊的形象啊！"她说，"每次一回到家，他就钻进书房谁都不理。家里这样就算了，但在公司他还是这样。堂堂的正总，总是躲在办公室里，不和人说话，不出来应酬。没出息，要不是我打理一切，公司早垮了。"

丈夫：我的世界被吞并了

但张安对家庭冲突有不同的说法。当黄家良让张安描述一下他对家的感觉时，他不假思索地回答说："冷，冰冷。"

他承认，妻子很能干，把家里一切都打点好了。但他并不欣慰，相反觉得很受排斥。家务是妻子说了算，儿子教育也是妻子说了算，他什么都辩不过妻子，最后干脆一回家就把自己关在书房里，"这是我在家中唯一能说了算的一块地盘"。

家外一开始倒没问题，毕竟"工作是我唯一的舞台"，但公司合并后，"这个舞台也被她占领了"。

两人常就公司业务进行争论，每次的结果都是白丽强行接管一切，和客户联系，打点社会关系，指挥下属，运营整个公司。结果，公司很快焕发了新的生命力。

张安说，妻子这么能干，他一方面很钦佩，另一方面让他觉得很难受。"就像在家里的感觉一样，"张安说，"什么都不需要我，妻子一眨眼把什么都处理好了……这让我觉得自己一点价值都没有。"

张安多次向妻子表达过这种感觉。一开始，白丽会注意一下，但很快又忍不住"把一切都搞定了"。最后，张安就只能用像歇斯底里的吼叫这种方式向她表达愤怒。

"看上去，妻子不过是吞并了我的公司。但内心中，我觉得是我的世界被吞并了。"张安说，"我一退再退，一退再退……但现在已经没有地方可以再退了。"

在三个多小时的谈话中，张安很多次讲到"我说什么都没用"，这仿佛成了他的口头禅。

儿子：她很可爱，也很可恨

儿子张义则说："我只感觉到有妈妈，爸爸的门总关着。从小到大，他带我出去玩的次数不超过五次……爸爸就像是教科书上的科学家，让我尊敬，但离我很远。"

对于妈妈，张义总结说："她是很好的领导，很差的妻子，独裁的妈妈。她很可爱，也很可恨。可爱的是，她让我有依靠。可恨的是，我没有自由。"

张义说，从小妈妈就已"把我的一切从头到尾都安排好了"。现在，张义读贵族高中后，是寄宿，周末才回家。一开始，白丽让司机接张义回家，但后来改成自己接，并主动在路上和儿子谈心。白丽对黄医生说，儿子是她最大的安慰，"他上进又听话，是个乖孩子……我们没有代沟"。

至于孩子的未来，白丽说："由他自己选择，但我已经帮他把路铺好了。"不过，张义说，他对妈妈这句话的理解是"我（指白丽）很民主，但你要听我的……你只能接受，没有选择"。

张义说："感谢妈妈，她操心太多了，把我的一切都安排好了。"但说着说着，他皱起眉头说："妈妈很强势，我的地盘不断被她侵占，留给我的空间越来越少。"

心理医生：她的安排并不舒服

最后，白丽说，没有女人愿意做女强人，她也不例外。实际上，她的理想是"做回一个普通人，也想小鸟依人，什么都不用自己操心，丈夫又疼她，多好啊"。

因为不是正式的咨询，在离开北京前，黄家良接受了白丽的饯行，和她在北京一家著名的饭店吃了次午餐，也切实地领略到了白丽的行事风格。

他们刚坐下，白丽就立即叫来了服务员，一眨眼就把菜全点好了，没有征求他的意见。显然，菜都比较昂贵，是这个餐厅的特色菜，但多数都是在广州长大的黄家良不爱吃的。

黄家良说，这一刻，他觉得自己更深切地体会到了张安父子的感觉：白丽为他们安排好了一切，但这常常是他们不想要的。为什么会这样呢？

黄家良说，这是因为，白丽还有一句座右铭"我不理会感觉，我只解决问题"。这种方式在公司里可以"快刀斩乱麻"，并且，工作上的核心是利益，只要利益上处理得好，感觉的确不是特别重要。

但家里完全不同。家里讲感觉，理解并接受彼此的感受是最重要的，利益已退居次要位置。但白丽没有意识到这种分野，她想当然地用工作中处理利益的方法来处理家里的问题，结果引出了一系列问题。公司中需要强有力的领导，只要能带来利益就是好领导，但家中需要的是爱，是理解与接受，白丽将自己不自觉地摆在"家庭领导"的位置上，控制丈夫和儿子，为他们安排好一切，这显然是将权力规则带回了家。

不懂家的珍惜规则，男强人只会用钱表达爱

作为"女强人"，白丽"知道"在家里应该怎么做，只是做的方法错了。但作为男强人，50岁的赵飞对家庭问题束手无策。

赵飞是北方人，在广州有了厚实的家业，但婚姻一直不顺，已离了两次婚。今年，他又结了第三次婚，妻子阿燕只有22岁。但结婚三个月后，阿燕就和他闹离婚了。

以前两次失败的婚姻给赵飞留下了很重的心理阴影，见到黄家良后，他第一句话就是："你说，难道是我有心理问题吗？"

赵飞很爱阿燕。她三年前来广州打工时，他就认识了她，觉得她非常有勇气，很欣赏她，前前后后帮了她不少忙。今年，出于报恩心理的阿燕主动向他求婚。赵飞说，他相信阿燕不是为他的钱而来。

婚后第一次冲突是很小的事。阿燕要他陪她逛街，他拒绝了，因为"一个膀大腰圆的大男人陪个小丫头去挑袜子、买内裤什么的，实在不对劲"。他给了阿燕一张信用卡，要她自己逛。结果，阿燕把信用卡摔在地上，哭着说："我才不要你的臭钱。"

阿燕还说广州不安全，但他已在番禺买了一栋别墅，小区管理很好，两人多数时间住在那里。但阿燕还是哭闹，要他卖掉工厂，跟她回老家，"一起做小生意，我养你"。

对此，赵飞感到非常苦恼，他问："她到底要什么呢？钱也不要，这么好

的条件也不要，她到底要什么？"

黄家良问赵飞，除了用"钱和条件"，他还会用什么方式表达爱？赵飞若有所思地回答说，这一点的确是问题。譬如，阿燕把家里布置得又漂亮又温馨，他满意极了，但什么话也没说，只是"嗯""嗯"地点了点头，什么话也没说。

黄家良问："如果你是她，你会有什么感受？"赵飞回答说："挺失落的，挺挫败的。"

既然理解阿燕的感受，为什么不试着学习一下新的表达方式呢？对此，赵飞回答说："我知道应该表达感觉，但我不会呀！而且我没有感觉……假如我那么婆婆妈妈，我就不可能做生意了。"

黄家良说，这最后一句话暴露了赵飞的问题。显然，在他的意识中，他也是将家和工作看成了一回事。在工作中，他如何做，在家中，他也那样去做。做生意不能"婆婆妈妈"，在家里也不能"婆婆妈妈"。

但家就是"婆婆妈妈"的地方。家之所以温暖，主要就是因为家里的成员"婆婆妈妈"，能理解并体贴彼此那些琐细的感受。

彻底抛弃家的规则，公司高管的儿子是"角斗天才"

对于多数人来讲，无论把工作看得多重要，他们仍意识到家的重要。白丽和赵飞就是如此。他们的问题只是不懂得将家和工作分开，不懂得怎么在家里做到珍惜。要解决这个问题，一个办法就是将家庭和工作分开对待，在家里奉行珍惜规则，在工作中奉行权力规则，这是解开生命中两大主题的两把钥匙。

但是，同时奉行两套人生规则是很累的。于是，极少数人干脆放弃珍惜，在所有地方都执行权力规则，从而变得无比冷酷。

35岁的罗胜在一家台资企业做广东区总经理，他充满了危机感，"一旦发现任何人对我构成威胁，我都会先发制人"。他身边的副总就像走马灯一样换来换去，而他一直岿然不动。总部虽然知道他好斗而且不择手段，但鉴于他的业绩，一直容许他这样做。这也成了罗胜的世界观的基础。他总结说："利益是根本。天下熙熙，皆为利来；天下攘攘，皆为利往。利益是根绳，你用得好的话，就可以把所有人牢牢掌握在自己手中。"

罗胜也将这种利益观带到了家中。他四年前结婚，认为和漂亮妻子是"利益的结合。如果我没这么成功，她才不会嫁给我"。现在，这个"利益的结合"正濒临崩溃，妻子说："这个家是地狱，我再也不想待下去。"他们三岁的儿子好像天性中继承了罗胜的"斗志"，根本无法和其他孩子一起玩，一会儿就会和其他孩子"打成一片"。

离婚就离婚，罗胜对妻子并没有什么留恋，他说："我才不会婆婆妈妈，任何人都不能伤害我。"但他坚决要求儿子归自己养，因为他对于儿子天生的斗志非常自得，认为儿子天生就是做大事的料。

但这更可能是罗胜的一种"想当然"，因为缺乏温暖、学不会珍惜的孩子很容易染上严重的心理问题，从而"心理夭折"。

成为权力强迫症的俘虏，老将军令儿子不认父亲

以上两例都是极端情况，更多的人是想有一个温暖的家，只是无意中将权力规则带回家。做政府高官的老爸，在政府部门里习惯了颐指气使，回家了也一副官派，这是最常见的"把权力规则带回家"。

一名老将军，新中国成立前战功显赫，新中国成立后，他把家当作了战场。他将以前用的地图、望远镜等物品搬到家里，闲着的时候就和这些事物打交道，没事就对妻子儿女颐指气使，吵不过就以老将军的身份压制他们。

他经常说："这是组织的命令,我是军人,就以军人的标准做事,你们是军人的妻子和儿女,所以只有服从、服从、再服从!"

将军的儿子是个很倔强的人,从小就和父亲一样喜欢控制和影响别人。将军坚决不让他高考,让他参了军。儿子当兵后,将军又给他安排最低最差最没出息的岗位,并严格考核他,让他吃尽了处分、降职等苦头。将军的美好愿望是磨炼儿子钢铁般的意志,殊不知儿子最终恨起了老爸,最后与父亲断绝了父子关系。

这是一种并非罕见的"污染",家成了将军战场的补充和延续,他在战场上执行什么规则,在家里也照样执行,最终把亲密关系搞得一塌糊涂。

男人更容易将权力规则带回家

不是只有成功人士才把权力规则带回家,在单位里总是被控制、受人气的人,自己又特别在乎权力,那么,回家以后,就容易把气撒在配偶和孩子身上,并有可能显示出更极端的控制欲望来,这是一种典型的心理补偿,在生活中处处可见。

还有一种常见的"污染":男人不能容忍女人比自己"强"。黄家良说,多数的婚姻关系中都存在着"婚姻战争",双方无论在恋爱阶段多么爱对方,一结婚后就会有意无意地去抢占"制高点",控制对方并怕被对方控制。

最近,在笔者参加的一个情感沙龙上,在座的一位男士说,他认为做家务主要是妻子的事情,因为男人比女人更能干,他给家带来更高的价值,妻子多做些家务是一种价值补偿。

我请他设想,丈夫月入20万元,但工作轻松;妻子月入2000元,但工作紧张,两人都爱自己的工作。那么,谁应该多做点家务?这位男士一开始回答说，男人应该多做一些。但接着又说，这种情况不可能发生，因为"两人的价值太不平衡了"。当笔者举出这种"太不平衡"的实际例子后，他说，反正他是不会找一个比他强的妻子。

在我看来，这也是一种轻微但普遍的"把权力规则带回家"。并且，这种情况普遍发生在男人身上，因为男人更渴望成功，成功也成为衡量他们价值的标准，而这种衡量势必要与他人做比较。在外面不断与别人做比较已经很累了，难道还在家里与妻子做比较？

解决之道：让珍惜成主旋律

如何避免将权力规则带回家呢？

第一，要有明确的意识，将工作和家分开。告诉自己，这是两个不同的世界，需要用不同的方式去对待。

第二，不要把工作作风带回家。可以在家继续工作，但不要将工作的气氛带回家。

第三，保持整个家庭系统的平等。在工作中，必然会有领导。但在现代家庭中，在解决问题时，要有"一家之主"。但在沟通中，应该相互尊重。

第四，让珍惜成为家庭主旋律。工作中，处理的主要是利益，目标是解决问题；家庭中，处理的主要是感受，目的是相互理解与接受。多一分理解，多一分接受，就多一分温暖，家就更像一个家。

笔者认识的一个家庭，丈夫是一家大公司的副总，妻子也是一家大企业的高层。在工作中，两人都很讲究领导艺术。但在家里，他们不谈工作，只谈琐事。

"必须把家和公司分开。"他们两个都这样说。

孩子不该是你的最爱

爱与分离,是生命中两个永恒的主题。健康的家庭,充盈着爱,也懂得分离。

健康家庭的父母,深爱孩子,将他养大,不是为了自己分享这一结果,不是为了永远与孩子粘在一起,而是要将他推出家门,推到一个更宽广的世界,让他去过独立而自主的生活。

而他,则势必会找一个伴侣,也会有自己的孩子。

等他的孩子长大后,他也会向父母学习,把他的孩子推向更宽广的世界。

爱,就在这样的循环中不断地传递,从我们的原生家庭传递到我们的新生家庭。

家庭是传递爱的载体,从父母传给孩子,再由孩子向下传递。不过,家庭中居第一位的,不应是亲子关系,而是夫妻关系。对此,国内知名的心理学家曾奇峰形容说,夫妻关系是"家庭的定海神针",在有公婆、夫妻和孩子的"三世同堂"的家庭中，**如果夫妻关系是家庭核心，拥有第一发言权，那么这个家庭就会稳如磐石。**

相反，如果亲子关系（包括公婆与丈夫、丈夫与孩子、妻子与孩子）凌驾于夫妻关系之上，就会产生最常见的两个问题：

一、糟糕的婆媳关系；

二、严重的恋子情结。

这两点是相辅相成的。其实，在新家庭中，如果有一个糟糕的婆媳关系，那么一般可以推断，在婆婆以前的那个"新家庭"中，也曾有一个糟糕的婆媳关系。而那个糟糕的婆媳关系，让婆婆与其儿子建立了非常密切的关系。对这个婆婆而言，儿子，而不是丈夫，是她最亲密的人，是她最割舍不下的人。

于是，当儿子要分离，去找一个爱人，并建立一个自己的新家庭时，作为婆婆，她会多么难过。她会觉得，自己失去了生命中最重要的人，所以，她会有意无意地阻止儿子与媳妇建立最密切的关系。

而儿子，他以前就知道，他是母亲心目中最重要的人，对于母亲而言，他比爸爸还要重要。以前，他为此而自得，现在，他要"回报"母亲。于是，他也不忍心"背叛"母亲而与妻子建立最亲密的关系。

这是很多婆媳难以相处的心理秘密。

相反，如果婆婆心目中最重要的人一直是丈夫而不是儿子，那么与儿子的分离就不是那么难受。相反，她会欣喜地看到，儿子找到了他最爱的人，他可以拥有他的家庭、他的人生了。这时，这个婆婆会祝福媳妇，祝福媳妇和儿子即将走上她和丈夫曾经走过的幸福之路。

不健康的模式（一）：烦丈夫，爱儿子

前不久，我在北京大学心理系的一个研究生同学路过广州。他两个月前刚结婚，我祝福他，话题也很快转移到了婆媳关系上。

同样，他也遇到了这方面的麻烦。他在老家举行了婚礼，之后在家里待了数天，他妈妈和他妻子数次发生争执，起因都是很小很小的事情。

但心理学不是白学的，他明白这到底是怎么回事："妻子认为我最爱她，而妈妈也一直把我当成她生命中最重要的人，现在当然受不了。于是，两人免不了要战争，谁胜了，我就是战利品。"

当然，他不会让战争继续下去，方法是玩"失踪"。他会对妈妈和妻子说，你们就好好吵吧，我出去一会儿。"她们的目标是我，我一走了，她们当然就吵不下去了。"他说。

他知道吵架的主要动力来自妈妈。从小到大，他一直是妈妈的心头肉，"对妈妈来说，我绝对比爸爸重要"。

这种被妈妈重视的感觉曾让他很自得，但等慢慢长大后，他发现这成了一种压力。譬如，妈妈不愿意与他分离，考大学的时候，妈妈做了很多工作，要他一定不要去外地读书，他先同意了，但最后报志愿的时候，却一狠心报了外地的一所大学。

"正确的选择。"我说。

"当时并不知道是为什么，只是隐隐约约觉得，一定要去外地。"他说。

木已成舟，他妈妈也只好认了，但要求他经常给家——其实是给她——打电话。现在，他已经在北京买房子，妈妈也多次要求和他一起住。"我坚决不同意，但我会很温柔地劝妈妈。"他说。

"夫妻关系是家庭中的No.1，这是家庭中的'第一定律'，我现在真正明白了这一点。"他说，"如果一开始，妈妈爱爸爸胜过爱我，那么，她就不会

那么离不开我，也不会现在和我老婆过不去。"

不健康的模式（二）："没"丈夫，爱儿子

我这个同学，他妈妈是比较强势的那种，因丈夫比较老实，一直对丈夫不太满意，于是将主要情感倾注在儿子身上，难以割舍儿子走出家门，最终不免吃起儿媳妇的醋来。

这是婆媳关系中比较常见的一种糟糕的模式，另一种最常见的模式是，现在的婆婆以前做媳妇的时候，因为受到了她婆婆的严重排挤，一直融不进她以前的家庭。她和丈夫的关系退居第二位、第三位甚至家庭中的最末位，这让她倍感孤独。等儿子出生后，她发现儿子是她唯一的依靠，于是，她自然而然地与儿子建立起了最为亲密的关系，丈夫在她心目中甚至只是一个可有可无的人。这种情况下，她更加不能接受与儿子的分离。

我一个朋友阿冲，在有了小孩后，把妈妈接过来带小孩，但不料本来尚可的婆媳关系却迅速恶化。阿冲向我描述了冲突的具体情形。显然他、太太和妈妈的关系，有很强的"三角恋"意味。

譬如，当阿冲和太太去小区花园散步时，妈妈一定要求一起去。一次两次就罢了，但次次都如此，自从婆婆入住后，阿冲和太太就再也没有单独散步的机会了。

再如，看电视的时候，如果看到媳妇和阿冲一起坐在沙发上，他妈妈也会坐过来，并且必然是阿冲坐中间，太太和妈妈坐两边。

除了这些特殊情况外，阿冲家也有糟糕的婆媳关系的普遍问题，譬如经常为鸡毛蒜皮的小事吵个不停。每当这个时候，阿冲就觉得特别难办，一边是最亲的太太，一边是最敬的妈妈，他夹在中间左右为难。

原来，阿冲的家乡非常传统，男尊女卑的情况很严重。妈妈嫁到他家后，当时是一大家子住在一起。从地位上讲，一直是最卑微的，丈夫敬父母，远胜过敬她。大家倒对她很客气，不会欺负她，但都不够重视她，她一直觉得自己非常孤独。她对阿冲说，直到有了他以后，她才不再觉得孤单，并觉得自己有了继续活下去的劲头。后来，她的小家庭从大家庭中脱离出来，开始单独生活，丈夫从此以后对她越来越好，但她想起当年受的很多委屈，对丈夫很是怨恨，两人的关系一直没有得到改善，她心目中最重要的，一直还是儿子。

谈到最后，阿冲问我："有什么办法可以改善她们两人的关系？"

"改善她们两人的关系，而不是你们三个人的关系？"我反问他。

"你的意思是……"阿冲沉思道。

我解释说，绝大多数婆媳关系的核心不是婆媳关系，而正是那个被夹在中间的儿子和丈夫。这个夹在中间的人，总想着要么妻子对老人家敬一些，要么婆婆对媳妇疼一些，问题就解决了。但他却很少想，解决问题的关键，就在他自己的身上。要想很好地处理婆媳关系，这个人必须承担起责任来，努力去协调这个三角关系。

"并且，绝对没有灵丹妙药，也没有那种一点就灵、一说就通的绝招，你必须用头脑和智慧去解决这个难题。"我说。

不健康的模式（三）：太愚孝，轻妻子

忽略被夹在中间的那个男人，而把焦点集中在"婆媳"两个字上，是我们面对婆媳关系时最常犯的错误。

天涯论坛一个叫"无奈今年"的网友曾发表了一篇名为《老婆和父母不

和，最终导致要离婚，郁闷中》的网文，细致地描绘了发生在他身上的难题。他很爱太太，但同时认为年轻人要敬父母，所以，当太太和家人（主要是母亲）发生冲突时，他不知道该怎么处理。这篇文章发表后，短短两个月内点击率就超过 100 万，回复的帖子更是达七十多页，一时成为"天涯第一帖"。

不过，几乎所有的回帖都抨击无奈今年及其家人。从无奈今年描述的事实看，他的家人的确有问题，这些细节随便都可以挑出许多。譬如：

一、结婚前，无奈今年的父母不想给聘礼，而且无奈今年结婚前每月的工资都交给了父母，这些钱父母也不想给。

二、举行婚礼的当天，无奈今年的妈妈先说想要礼金，被拒绝后当场被"气晕"。

三、新婚当天，无奈今年的父母回家要一个小时，于是他妹妹说路太远要父母住在新房。

…………

在长达六万余字的长文中，这样的例子数不胜数。从事实上看，显然是无奈今年的家人不当，但描述完事实后，无奈今年都会加一句"为什么年轻人就不能敬老人呢"这样的话。结果，这种事实和评论的反差，令无数网友感到气愤。

这是一种分裂，即无奈今年的潜意识和意识产生了分裂。评论的时候，发挥作用的是意识，这一方面，他站在父母的一边，认为妻子应该无条件地敬老人；描述的时候，用的是潜意识，这一方面，他站在妻子的一边，认为受委屈的是妻子，而错的是父母。

也就是说，他其实知道，妻子受了太多委屈。但因为愚孝的观念，他绝对不敢对父母说一个"不"字。所以，即便潜意识里知道真相是父母不当，但他无法挑战父母，并希望妻子也这样做。但妻子从小生活在民主氛围浓厚的家庭，受尽了百般宠爱，自然不会接受他的这套逻辑。

并且，这篇长文也显示，无奈今年想当然地觉得，这是妻子和他家人之间的矛盾，他被夹在中间左右为难。于是，他的做法就是，在家人面前，觉得妻子的确不对；但在妻子面前，又觉得家人的确过分。至于他，则是什么都做不了。

其实，他是联结妻子和家人的枢纽，他也是妻子和家人争夺的对象，他才是化解这场冲突的根本所在。当他只是一味逃避责任，希望做好好先生并尽可能满足双方要求的时候，这场冲突当然会继续下去。

你的家庭，你做主

无奈今年的案例，已不再是最经典的婆媳关系模式。因为，看上去，他不是母亲最割舍不下的人，母亲所做的一切，好像是在为他的妹妹争取更多的利益。同样，母亲显然也不是他最割舍不下的人，他只是因为愚孝和不敢负责任，才导致冲突不断继续下去。

我的那个同学和阿冲的案例，倒是最经典的模式。如果说，无奈今年的案例中隐藏着利益的纠纷，我那个同学和阿冲的案例，可以说纯粹是爱的竞争，就是婆婆和媳妇一起在争夺同一个男人的爱。但这里面，还有明显的不同，我同学的妈妈，因为觉得丈夫不强，才把爱倾注在儿子身上，而阿冲的妈妈，是因为不得已才把儿子当成了自己生命中最重要的心理寄托。

但这三个案例，都违反了**健康家庭的第一定律——夫妻关系，才是家中的 No.1**。

如果无奈今年懂得这条规律，他就会明白，在他的原生家庭，他的父母是最重要的，他们最有发言权，但在他的新家庭，他和妻子才是最重要的，他的父母不该有太多的发言权。他不懂得这一点，听任父母在他的新家庭里为所欲为，像生孩子、装修房子等事情，他都遵照父母的旨意，而不是和妻子好好协商，这不可能给妻子以家的感觉。最后妻子只好结束这个家。

我那个同学的妈妈，她主动背离了这个规律，因为对丈夫的能力不满，于是把儿子当成了她心目中最割舍不下的人。但是，儿子终究有一天要离开她，要去过属于他自己的生活。对她来讲，这意味着要失去最重要的心理寄托，她当然会难以忍受，于是，她又忍不住想干涉儿子的新家庭，让儿子和儿媳的关系退居第二，而她与儿子的关系仍然是No.1。

阿冲的妈妈被迫背离了这个规律。既然丈夫重视父母胜过重视她，既然她在丈夫的大家庭总是被忽视，那么她难免要从其他渠道找她的最爱，而作为妈妈，儿子当然是她天然可以选择的第一人。但这是不长久的，儿子终究要建立自己的小家庭，她终究要失去自己的最爱。她无法忍受，于是才做出了那些不合情理的古怪举动。

不让儿子和儿媳单独散步，远不是最古怪的。几年前，《重庆晨报》报道过一个更古怪的事情，在儿子的新婚夜，母亲几次闯进洞房，最后儿子和儿媳只好陪着她干坐到凌晨三时。这种古怪的关系持续十年后，儿媳提出离婚，儿子则跑到报社诉苦。

势必要分离的，不是最爱

要想营造一个健康的家庭系统，必须将夫妻关系置于家庭中最重要的位置。

不过，我们的文化传统的确有这样的倾向：重亲子关系而不重夫妻关系。就仿佛是，夫妻关系只是完成传宗接代的工具，只是给长辈和晚辈服务的载体。

但是，不管你多么敬爱父母，你终究要离开他们，去过你自己的生活。不管你多么爱儿女，他们也终究要离开你，去过他们自己的生活。

而配偶，才是那个真正陪伴你一生的人。

并且，为了父母的健康，我们不要太恋父母的某一方，认为自己与他（她）的关系胜于他们的关系。为了儿女的健康，我们也不要太恋他们，认为自己爱他们胜于爱配偶。因为，最爱的，我们都必然最难割舍。所以，势必要割舍的，不要让它成为最爱。

当然，这并不是说，我们要把最多的资源留给配偶。相反，当老人和孩子需要照顾时，我们必须要把更多的资源给他们。但是，我们一定要懂得，配偶才是真正陪伴我们一生的伴侣，才是我们最重要的心理寄托。

> 如果是儿子，就要对自己说，爸爸才是妈妈最爱的人，自己不是；
>
> 如果是女儿，就要对自己说，妈妈才是爸爸最爱的人，自己不是；
>
> 如果是父亲，就要对女儿说，我爱你，但妈妈才是能陪伴我一生的；
>
> 如果是母亲，就要对儿子说，我爱你，但爸爸才是能陪伴我一生的。
>
> 这才是健康家庭之道。夫妻关系是家中的No.1，这是健康家庭的第一定律。

CHAPTER 2

分离是生命中永恒的主题

妈妈是婴儿的镜子

世间的万事万物,都是我们的镜子。你看着它们时,你也在它们的镜面上留下了镜像,由此你也可以看到自己。

反之也一样,你看着一个事物的那一刻,那个事物也因你的注目而得以存在。

妈妈,是我们生命中的第一面镜子。生命的最早期,妈妈注目着婴儿,婴儿就从这面镜子里看到了自己的存在。

若妈妈的注目一直在,婴儿就会感觉自己一直存在。若注目时,妈妈与婴儿有共鸣,且带着接纳与喜悦,婴儿就感觉自己的存在是有价值的。好妈妈的镜子从不吝于对婴儿打开。

有时,妈妈这面镜子总是没有光的,它不能注目婴儿,于是,婴儿就觉得,自己是不存在的。

若这面镜子偶尔才会打开一下,婴儿会在这一片刻形成一定的自我感,但这种自我感是破碎的。在做"碰触你的内在婴儿"这个练习时,有人会说,他看不到一个完整的婴儿，原因在此。

> **练习：碰触你的内在婴儿**
>
> 安静，闭上眼睛，花五分钟感受身体，足够放松后，想象一个婴儿在你身边，他会在哪个位置？他是什么样子？什么神情？看着他，他会和你构建一个什么样的关系？
>
> 他，便是你的内在婴儿，是婴儿时的你在你内心中的留影。

妈妈这面镜子若打开得很少，而且打开时都是儿童在极力讨好魔镜，就易导致一个结果：一个人对别人的反应极度在意。

日本小说家太宰治在小说《人间失格》中写道："别人寥寥数语的责备，对我如晴天霹雳。"有来访者说，别人随便一个批评，他都觉得自己瞬间破碎。另一位来访者的意象是，一个小球在追着一个大球转，小球一刻都不敢放松，生怕一不留意，大球就不见了。大球就是他的妈妈，而小球就是他自己。

这三个故事都显示，一个人之所以对别人的反应极度在意，都是因为对方好的反应会让他有短暂的存在感；而对方坏的反应，会让他的存在感瞬间崩毁。

一个人太脆弱，很少是宠出来的，而多是幼时没被看见。一出坏孩子，我们社会最容易找到的理由是，这个孩子被宠坏了，他的父母对他太溺爱了。可真实的理由却常常是，父母根本看不到他。

在中国，常见情形是，妈妈这面魔镜是否打开，关键是儿童能否让魔镜高兴，因中国的妈妈第一缺乏尊重孩子感受的意识，第二即便有这一意识，但因与自己的感受缺乏链接，而难以给孩子的感受以确认。这一确认，必须是身体对身体，心对心，而不是头脑对头脑，语言对语言。

儿童愿做一切努力去讨好妈妈的魔镜，因这面魔镜打开，他才存在，所以这值得付出一切。中国历史上多名天才在几岁时就悟到了孝道是大道，原因或许仅仅是，他们知道自己这个人的存在感有赖于讨妈妈这面魔镜高兴让魔镜打开，这种体验让他们推论出，所有人的存在感都有赖于讨魔镜高兴并让魔镜打开。

所以，**若一位妈妈想让你的孩子心理健康，在他婴幼儿时，多和他互动，看到他，并带着喜悦，是至关重要的。**

不过，与孝道形成的悖论是，一旦孩子得到的爱足够了，形成了一个健康的自我，他就不会去顺着父母的意思了。顺父母意的最佳前提是，孩子缺乏存在感，他的价值感都有赖于父母乃至社会的认可。

相反，有健康自我的人，他会很爱父母，但他做事情，首先是从自己的感受出发，而不是服从父母的语言。假如一心希望孩子孝顺，最好是做一面冷漠乃至残酷的魔镜。

"我们是镜子，也是镜中的容颜。"波斯诗人鲁米[①]如是说。他的意思是，我这面镜子照见了你，那一刻，我也是你。太多哲学家重复过这样的观点：你存在，所以我存在。

鲁米是我最爱的诗人，他在另一首诗中写道：

> 我体内有个原型。
> 它是一面镜子，你的镜子。
> 你快乐，我也会快乐。
> 你愁苦，我也会愁苦。

---

① 鲁米（Rumi，1207~1273），波斯诗人，代表诗集有《玛斯纳维》。

> 我像绿茵地上柏树的影子，
> 与柏树不可须臾离。
> 我像玫瑰的影子，
> 永远守在玫瑰近旁。

在母子关系中，或者在任何关系中，我的感受能被感受到，这一刻，我存在，你也存在。这一刻，就是爱。

一位女士，她很容易被无助感侵袭。原因很简单，在她的原生家庭中，不仅母亲，其他亲人也很少看见她，所以她没有底气与任何人抗争。她来找我做咨询，原因是，她觉得在现在的家庭中也不能坚持自己的正确意见，丈夫和婆婆等婆家人都很固执，会强力打压她的意见。

她的丈夫，其实内心也一直被一种无助感侵袭，但是一直装得像一个极权的大男子主义者。她知道他的无助，但一直不愿意去感受他的无助。因为她遭遇过的痛苦远胜于他，所以她觉得这么点事情就让丈夫表现得如此无助，她瞧不起也不理解。

咨询中，她认识到自己对丈夫的瞧不起。随后一天，她放下了这种心态，深切地体会了一下丈夫的无助，对丈夫有了深深的理解和接纳。后来，她迅速变得强大起来，非常有力量地与丈夫、婆婆和其他婆家人抗争。以前，她的任何一个抗争都会导致婆家人联手打击，但现在，首先丈夫不再装，转而依赖她，而其他婆家人也常在一两个回合后就放弃自己的错误意见而尊重她。

这个故事说明，当她碰触丈夫的无助时，她也就碰触了自己的无助。如此一来，她不仅与自己内心有了链接，与丈夫也有了链接。与自己的链接，让她强大起来。与丈夫的链接，让他们之间有了爱与理解。

看见你，也就看见了我

还有一个更美的故事。一位年轻的妈妈，她一岁半的女儿有三天时间不愿意洗澡。原来女儿洗澡时很乖，但那三天，她简直是拼死挣扎，不让爷爷奶奶给她洗澡。

对此，爷爷奶奶认为，都是妈妈太惯小孩子了，所以导致小孩子很难管。但这位妈妈怀疑一定是另有原因，而公公婆婆的态度，让她怀疑，小孩子是不是受到了虐待。

到了第三天晚上，看到孩子坚决不洗澡的样子，她非常痛苦。那一刻，她觉得自己感受到了女儿的痛苦，一个声音从她心底冒出：肯定是哪儿不对，该不是女儿病了吧。

第四天，她带女儿去医院，一检查，果真是病了。很有意思的是，当她从医生手里拿到诊断书的那一刹那，女儿一下子不哭了，变得非常安静。看着女儿的眼睛，年轻的妈妈忽然明白，女儿的哭闹，是要让妈妈或其他大人知道，她病了。

这份明白产生的这一刻，她觉得和女儿间建立了一种奇妙的链接。

第五天，她去上班。本来，已有很长一段时间，只要她上班，女儿就会哭闹得厉害，每一次都像是要生死分离。她很担心，这一次女儿会再次痛苦，但孰料女儿却像大人一样地对她说：妈妈，拜拜。听到女儿干脆的道别，她眼泪差一点落下来，她觉得，女儿是懂她的。

她先懂得了女儿，女儿随即还了她一个懂得。

同情心有两种。一种是对弱者的可怜，但内心同时有一种我很好很强大的自恋。另一种是共情，即，我深深地碰触到了你的感受，进入到了你的世界，感你所感，想你所想。

共情能力的构建，就源自于能彼此碰触的母婴关系，而它的基础，是妈妈能看到婴儿的感受。

我们是镜子，也是镜中的容颜。将鲁米这一境界延伸，还可以说：世界在你眼中，而世界在你眼里的投影，绝非仅是世界本身，更是你自身。

譬如方舟子，他偏执打假时，构成的那幅画面，不仅是我们社会的反映，更是方舟子的一幅自画像。

要有"你即镜子，你即镜像"的这一意识，你才能看到别人乃至你自己的全貌。

你如何看待万事万物，这是你最深的存在。

好妈妈与坏妈妈，好孩子与坏孩子

弗洛伊德最有影响力的女弟子、英国心理学家克莱因[1]认为，三个月前的婴儿处在偏执分裂期。

克莱因认为，三个月前的婴儿没有能力处理一种矛盾：妈妈一会儿好，一会儿坏。能敏感地捕捉到他的感受、满足他并与他互动的妈妈，是好的；不能满足他、忽视他甚至虐待他的妈妈，是坏的。

那么，他们怎么办？他们会使用分裂的方法。即，将妈妈形象一分为二，一个是好妈妈，一个是坏妈妈。好妈妈，是那个真实照顾他的人；而坏妈妈，则一开始被婴儿处理为鬼怪形象。并且，好妈妈与坏妈妈绝对不可以并存，好妈妈是绝对的好，坏妈妈是绝对的坏。

白雪公主与灰姑娘等童话故事，典型地反映了这种分裂，一个完美的好妈妈去世了，后母和她的亲生女儿们很可怕，而且绝对地坏。

---

[1] 梅兰妮·克莱因（Melanie Klein，1882~1960），奥地利籍英国精神分析学家，儿童精神分析研究的先驱。被誉为继弗洛伊德后对精神分析理论发展最具贡献的领导人物之一。

至于女主角，则是绝对的好。孩子们爱听这些童话故事，不是因为这些童话故事多么美好——其实仔细想想就会知道，这并不美好。而是因为，这些童话故事反映了他们的内心，通过去听这些童话故事，他们得以向外投射自己的内心，并不断修正。

若得到很好的照料，并与妈妈有很好互动，也即，好妈妈的部分足够多，三个月后，婴儿就有了初步的整合能力，他虽然伤感，但仍然可以接受一个基本的事实：他真实的妈妈有好有坏。

这种整合，是宽容的开始。

同时，因为妈妈的镜子功能，孩子自身也会进行分裂，分裂成一个好孩子和一个坏孩子。好孩子绝对地好，坏孩子绝对地坏。好孩子绝对爱妈妈，而坏孩子对妈妈有可怕的攻击，妈妈绝对不会接受。

若妈妈对婴儿的攻击，如咬乳头、抓头发等，不给予反击，而只是简单地制止，并且一如既往地爱婴儿，那么婴儿就会觉得，坏孩子也是被接纳的。于是，好孩子和坏孩子也走向整合。

一网友在我微博上留言说，她在黑暗的房间哄儿子入睡，儿子喃喃自语："这个阿启在床上，还有一个生气的阿启在地上。"

这个躺在床上、和妈妈在一起的阿启，就是好孩子，而那个生气的，就是坏孩子。

从这一段文字还可以看到一点：中国人的习惯性认识——三岁前的孩子什么都不懂，所以怎么对待他们都可以，是大错特错的。相反，孩子越小，越需要大人特别是妈妈的细心呵护与关注。

父母不是孩子的答案

成为你自己!

为我的书签名时,我常给读者朋友留下这句话。成为自己的人,也即美国心理学家马斯洛所说的"自我实现者",他发现他们具有许多优点,如:

宽容而又疾恶如仇;
悦纳自己的一切体验;
以问题为中心,而不是以情绪为中心;
超然独立的性格,不迷信权威;
没有审美疲劳;
能容忍模糊状态,有高度的创造力;
……

那么，一个儿童能不能成为自己呢？我常讲一个主题为"父母不是孩子的答案"的讲座，其核心观点就是，父母不要试图扮演孩子的决定者，而应该给予孩子独立探索的自由，那样即便幼小的孩子也一样是一个"成为自己的人"。

不过，可惜的是，我没在讲座中给出一个鲜活的例子，以说明成为自己的孩子会是什么样子。但就在6月4日，我和一个朋友聊起了她有趣至极的儿子，这个八岁的小家伙可以当之无愧地被称为"成为自己的人"。

先讲几个故事吧。

故事一：前不久，他跟妈妈去参加一个聚会。吃饭时，一个叔叔逗他说："小孩，你喝酒吗？"

他回答说："让小孩喝酒是犯法的，小心我告你，你就会被抓进监狱，判××天的监禁。"

故事二：去年，一次在麦当劳吃东西时，旁边桌上的一位妈妈先是催自己的儿子："快点吃！你慢得像猪一样！我们上课就晚了！"

她儿子显然有了情绪，说："不吃了！我们走吧！"

他这句话一下子令他的妈妈陷入歇斯底里的状态，她暴跳如雷地训儿子，嘴里嘟囔出了一大堆别人听不清的难听的话。

我这位朋友的儿子看不下去了，只有七岁的他站出来对那位阿姨说："怎么会有你这样的妈妈！"

这句话令那位妈妈惊讶得呆住了，等稍一醒过神来后，二话不说就拽着儿子的胳膊向外冲了出去。

故事三：小家伙只有三四岁话都说得不利索时，妈妈带着他在小区散步，迎面一条狗走了过来。

它像是一条流浪狗，脏兮兮的，似乎好多天没有人管它了。妈妈本能地说了一句："这条狗真丑！"

这句话被儿子抓住了把柄，常被妈妈教育讲礼貌的他对妈妈说："你对狗怎么这么没礼貌！狗有狗的模样，你通过你的眼光看觉得它丑，狗狗们可不一定这么看。"

她讲完第三个故事后，我先是震惊得一瞬间不知道说什么，接着和她一起大笑起来，笑完后，对她说："你儿子真了不起，这么小就有大哲学家风范，已能站在动物的立场上设身处地地为它们考虑。"

我这是真心话。她也说，当时她完全被小不点给震惊了，她本来认为自己够有同情心了，但和儿子天然的"众生平等"相比，实在相差太远。

她说完这句话后，我感慨说："你儿子不是你教的。"

她听过我的讲座"父母不是孩子的答案"，明白我这句话中的意思，一样感慨说："的确不是我教的，是他自己长成了这样子，我一教，他就会被毁掉。"

也就是说，这个小家伙虽然很小，但他已是"成为自己的人"了。

八岁的他主动辞掉班长职位

其实，所有的孩子一开始都是"成为自己的人"，但抚养者们非得按照自己的意志去塑造自己的孩子，于是孩子的意志就被压制了，最终在不同程度上丢失了自己。

一如撒旦的"养育婴儿的计划书"，很多父母在塑造孩子上都在扮演"行使赏罚的天使"这个角色，他们要求自己的孩子达到某个条件，如果达到了，就奖励他，如果没达到，就惩罚他，于是孩子离自己的内心越来越远，而逐渐变成了父母意志的产物。结果，在家中，他们很容易被父母的意志所左右，在学校，也很容易被"行使赏罚"的老师所左右。

我这个朋友讲，上小学一年级时，她儿子的班里竞选班长。绝大多数孩子的竞选词都是父母或其他亲人所写，但她没有替儿子操办这种事，而是对有点焦虑的儿子说，你自己想说什么就说什么。

第一次竞选班长，他自然是什么都不会说，所以他要求最后一个发言，这样好先听听别的同学怎么说。等所有同学挨个"念"完大人给写的看似精彩但其实又臭又长的竞选词后，他上去就说了三句话："我叫×××，我希望大家支持我做班长，我会为大家提供最好的服务。"

结果，他以高票当选班长。但有趣的是，当了一年班长后，他觉得做班长太不舒服了，于是找到班主任，说他不想当班长了。那个班主任惊讶至极，她教了这么多年书，这是头一次遇到有不愿意当班长的孩子，而且这个孩子都不和家长商量就辞职不干了，这简直匪夷所思。

不过，老师们普遍不喜欢他。因为，老师们的赏罚手段对这个孩子几乎无效，他们夸奖他没用，惩罚他也没用，这个孩子不会轻易偏离自己的轨道。但同时，他也决不会成为一个问题儿童，因为他的内心自然会指引他走在自己所渴望的道路上，而这样的道路很少是不对的。

一些父母发现，他们的孩子有一个问题：喜欢一个老师，就喜欢一门课；讨厌一个老师，就讨厌一门课。但像这个孩子，是不会有这个毛病的，因为他热爱一门课是自己的选择，而不是老师行使奖励的结果，他不喜欢一门课也是他自己的选择，而不是老师行使惩罚的结果。所以，热爱一门课是忠于自己的选择，而不是忠于老师的选择。其他孩子热爱一门课则是对老师表忠心，但若老师令他讨厌，他就对这门课失去兴趣了。

这让我想起自己读小学时的故事。记忆中，我没逃过一次课，也从来都没厌过学，甚至连逃课的想法都没产生过，而且尽管有多个老师令我不大喜欢，但我所有科目都学得不错。那时的具体心境已记不得了，但可以说，驱动我学习的动力绝不是父母和老师的奖励，而是掌握知识、满足好奇心所带来的天然快乐。

不过，有趣的是，尽管我的成绩从来都排在前五名（只有一次最差到了第14名），也很少惹事，但我却没成为少先队员，对于像我这种学习成绩的孩子而言，这是绝无仅有的事。现在回想，这就很容易理解了，少先队员是老师们用来奖罚孩子们的工具，但我对获得别人的奖励兴趣很低，所以自己也不努力去表现，而老师们也讨厌我这种人，虽然学习好，虽然不惹事，但却怎么都掌控不了，所以他们不会将这种奖励浪费在我身上。

喜欢使用奖罚手段的父母和老师，都渴望控制自己的孩子，让孩子按照自己的意志成长变化，那样孩子就是他们意志的结果，就是他们的作品。但依照摩门教的传说，这就是行使撒旦之事。

国内知名幼儿教育专家孙瑞雪写了《爱和自由》一书，大致的观点是，**父母的职责是用爱给孩子提供一个安全的环境，但至于如何探索世界，那是孩子的自由**。爱与自由，缺一不可，而如果他既获得了充分的爱，又获得了充分的自由，他一开始就会是一个"成为自己的人"，而最终也势必会成为一个自我实现者。

每个孩子都有一个精神胚胎

意大利幼儿教育专家蒙特梭利认为，每个孩子一出生，天然就有一个精神胚胎。

依照这一观点，婴儿不是白纸，不是空瓶子。父母或成人可以扭曲孩子，让孩子成为一棵歪歪扭扭的树，但不能决定孩子是成为一棵杨树还是柳树。家长最多只是将本是杨树的孩子修剪成柳树，但孩子内心总是渴望成为他自己的样子。

精神胚胎的发育,不是别的,就是孩子的感觉。感觉,是孩子碰触任一事物时,在建立关系那一刹那的产物。这份感觉,会滋养他的胚胎发育。

请注意,不是知识,不是教导,而是感觉。

乔布斯在斯坦福大学发表演讲时说:

不要让他人的观点所发出的噪声淹没你内心的声音。最为重要的是,要有遵从你的内心和直觉的勇气,它们可能已知道你想成为一个什么样的人。其他事物都是次要的。

这也是蒙特梭利的观点,精神胚胎"已知道你想成为一个什么样的人"。

也就是说,每个孩子天然有他们的使命,而若父母想决定孩子的命运,他们就是破坏了孩子的命运。

分离是生命中永恒的主题

我们的一生，就是不断分离的一生。

呱呱落地的那一瞬间前，一个初生婴儿已遭遇过了第一个无比痛苦的分离——离开了妈妈无比舒服的子宫，从狭窄的阴道里被挤到这个世界上，冰冷的风、嘈杂的声音，还有刚刚体验的痛苦，让他放声痛哭。

但婴儿一开始仍以为妈妈和自己是一体的，饿了，妈妈会给他吃的，冷了，妈妈会把他紧紧抱在怀里……尽职的妈妈无比敏感，真正是感他所感想他所想，他需要什么，妈妈就在第一时间满足他什么。但很快，婴儿意识到自己与妈妈是两个人，这个心理上的分离比分娩过程还要痛苦。幼儿们发现，自己无法指挥这个世界，甚至也无法指挥妈妈，于是不断地哇哇大哭。

慢慢地，他们开始接受"妈妈是妈妈，我是我"的概念。但是，他们仍然无法接受妈妈会离开自己，去工作、去学习、去……这些事实。与妈妈和其他重要亲人的每一次分离都是痛苦的，每一次都让幼儿们担心自己被抛弃。

接下来，他们不得不在没有妈妈和亲人陪伴的情况下独自闯世界了，这是一个漫长而痛苦的过程。幼儿园小班开学时，第一次彻底离开家的孩子们总是哭成一片。哭是因为心疼，因为分离带来的实实在在的疼。

再接下来，还有小学、初中、高中……最后，我们彻底离开家。再以后，我们开始组建自己的家。再以后，我们有了自己的孩子，我们要亲自教他们体验分离、学会分离。

无论分离有多疼，我们必须这样做，因为——**分离和爱同等重要，它们是生命中最重要的两个主题，它们一起作用，让一个人成长，让一个人成为他自己。**

"拒绝分离，就等于拒绝成长。"咨询师荣伟玲说，"再亲密的两个人，也是两个人。如果不懂分离，那么，两个关系亲密的人就会粘在一起，而这是很多人生悲剧的深层原因。"

美国心理学家斯考特·派克[①]称，懂得分离的爱才是"真爱"。因为父母必须主动与孩子分离，这样才能促进孩子的人格成长，并让他最终成为一个有独立人格的人。亲子关系如此，师生关系、情侣关系等亲密关系也莫不如此。

如果拒绝分离，爱就是"假爱"。不懂得分离的两个人粘在一起，你干涉我的空间，我侵占你的空间，两个人都不能很好地成长。

"分离是一生的主题，"荣伟玲说，"在人生每个阶段，我们都会遇到重要的分离。"

她说，在处理分离上，会出现三种结果：

第一，成熟分离。一边给予爱，一边坚定地告诉孩子或亲人，你是你，

---

① 斯考特·派克（Scott Peck，1936~2005），美国心理治疗师、畅销书作家，有《少有人走的路》《邪恶人性：一个心理治疗大师的手记》等多本畅销书代表作。

我是我。这样一来，关系仍然亲密，但关系中的两个人都拥有独立而健康的人格。

第二，拒绝分离。这样的关系不一定亲密，可能还非常恶劣，但关系中的两个人必然会粘在一起，仿佛在演爱与恨的双簧戏。

第三，单纯分离。虽然名义上是亲人，但拒绝爱与亲密。如果两人都是成人，这种关系很难维系，如果是亲子关系，那么孩子会遭到难以挽回的伤害。没有分离，孩子不能成人，没有爱，孩子一样不能长大。

第一个分离：分娩

出生，是一个人遭遇的第一个重大的分离。

"想象一下吧，"荣伟玲描绘说，"妈妈的子宫多么舒服。它是温暖的摇篮，是营养的摇篮，是什么都不需要担心、没有痛苦的摇篮。但现在，你要被赶出这个完美的摇篮，你相当庞大的身躯被赶进一个狭窄的通道，要有很长时间，这个痛苦的过程才能结束。最后，你还有一个糟糕的结果——你赤裸着来到一个冰冷、嘈杂、陌生而且自己完全无能为力的世界上。还有比这个更糟的结果吗？但是，这却是你生命历程的开始。"

分娩，不仅对孩子痛苦，对妈妈也是一个非常痛苦的过程。

于是，为了减少这个双重的痛苦，现代人越来越流行剖腹产。一开始，人们以为，剖腹产带来的都是好处，妈妈腹部肌肉的弹力不会遭到破坏，也不必遭受分娩之痛的折磨，而孩子的头部因没有遭受挤压，形状更漂亮，应该也更聪明。

但是，越来越多的学者开始质疑这一非自然的过程。有研究发现，相对于自然分娩的孩子，剖腹产的孩子挫折商明显偏低，难以承受挫折。

心理学家则称，自然分娩的疼痛是母子之爱的一种高峰。如果没有经历这个疼痛，妈妈的生命知觉会产生断裂，她会恍惚觉得，孩子像是医生创造出来的。不少采取剖腹产的妈妈在产后会陷入孤独、沮丧的情绪，甚至怀疑自己做母亲的能力，不情愿甚至拒绝承担做妈妈的责任。这样一来，母子关系在一开始就出现了断裂。

当然，在特殊的情况下，如果自然分娩很危险，剖腹产就是一种上上之选。但是，"我们不能仅仅因为痛苦而拒绝自然分娩，就像不能因为痛苦而拒绝分离一样。"荣伟玲说。

分娩的三种分离

成熟分离：自然分娩的过程，在结束那一瞬间，当妈妈将新生儿拥在怀里时，爱意会达到一个顶峰。虽然这一刻是一个人变成了两个人，但经历痛苦的折磨后，在甜蜜的爱意中，两个人仿佛又变回一个人。并且，因为一开始就遭遇过痛苦，自然分娩的孩子挫折商更高。

拒绝分离：难产是拒绝分离，当然也是没有谁期待的拒绝分离。不过，哪吒在妈妈肚子里待了三年零六个月才出世，这一传说的寓意就好像是，在妈妈完美的子宫里多待上一段时间，会让我们更强大。这个大受欢迎的情节似乎代表了我们的愿望：拒绝与妈妈的子宫分离。

单纯分离：为求一个好日子，一些妈妈甚至会提前采取剖腹产的方式让孩子早点出生，这种分离方式对婴儿会造成伤害。此外，出于种种原因，一些妈妈并不爱肚子里的小生命，而分娩就意味着怀孕这个痛苦过程的结束。

第二个分离：与妈妈"分手"

与妈妈的心理分离，是一生中最关键的分离。这个分离如果处理好了，可以为孩子学会成熟分离——享受亲密，同时享受距离而打下坚实的基础。而每一个惧怕亲密或惧怕距离的成年人，他们的问题几乎百分百地可以回溯到与妈妈心理分离的问题上。

著名心理学家玛格丽特·马勒[①]经过大量细致的观察，将三岁前的新生儿分成了三个阶段：

一、**正常自闭期**。从出生到1个月，这个阶段的婴儿大部分时间用来睡觉，他需要抚摸和照顾，但仿佛只沉浸在自己的简单世界里。

二、**正常共生期**。2个月到6个月大，这个阶段的婴儿将妈妈和自己视为一体。

三、**分离期**。6个月到36个月大，婴儿逐渐意识到，妈妈是妈妈，自己是自己。

婴儿从自信到矛盾性的依赖

分离期是一个微妙、复杂而多变的心理过程。马勒又将它分为四个亚阶段：身体分化期、实践期、和解期和个体化期。

1. **身体分化期**（6~10个月）。婴儿从身体上意识到，妈妈是另一个人。
2. **实践期**（10~16个月）。婴儿会走了，他热情地探索周围世界，开始爱

[①] 玛格丽特·马勒（Margaret S. Mahler，1897~1985），精神分析学的核心人物之一。起初是奥地利的一位医师，后来搬到纽约，兴趣逐渐转移到儿童心理发展方面，提出了儿童心理发展的独立和个体化理论。

上自己，觉得自己非常强大，对妈妈好像不再那么依恋，这像是一个背叛期，婴儿"背叛"了与妈妈的亲密关系。

3. 和解期（16~24个月）。实践期最后让幼儿（婴儿一般指不到一岁的孩子，而幼儿指2~4岁的孩子）备受挫折，他明白了自己的弱小，于是重新依恋妈妈，比以前更依恋。相比第二个阶段，这个阶段的幼儿胆子更小，以前无所畏惧的他们现在变得什么都怕，怕陌生人、怕探索、怕……而妈妈是他们的偶像，因为妈妈在他们眼里是那么强大。他们越来越明白，妈妈是另外一个人，但同时又发现，没有妈妈他们无法独立，这是最基本的矛盾，马勒称之为"和解期的冲突"。

分离是因为要迎接挑战

因为这种心理冲突，这个阶段幼儿很容易受伤。如果妈妈无条件地爱他，能够分享他的每一个新获得的技能和体验，能够发自内心地理解他、接受他，那么，幼儿在实践期的受挫感会渐渐消失，他会重新变得自信起来。"理想妈妈"的作用就像是一个安全岛，心里有了这个安全岛，幼儿会放心地四处探索，因为他们深信，当自己遭到新的挫折时，强大的妈妈会及时地出现在他身边。

但同时，幼儿的自主感也在成长，他越来越喜欢自己做主，他要通过对妈妈大大小小的反抗，来保护自主性。譬如，他会尾随妈妈，不停地注视着妈妈的行为，但又会突然离开妈妈，希望妈妈来追他，将他再度抱在怀里。这种常见的模式同时体现了爱与分离。

这个阶段，妈妈需要关注并保护孩子，但又不要替他们完成任务。这种程度的把握是非常微妙的。这个阶段的幼儿知道但又不愿意承认自己还不能独立地应付环境。因为这种矛盾心理，幼儿很容易受伤。

这时，妈妈对幼儿的情感的敏锐捕捉就变得非常重要，这种捕捉是一种理解，它会让幼儿感受到，妈妈既爱自己，又理解自己的自主性。这样一来，幼儿就会认同并模仿妈妈的行为。不过，即便如此，幼儿也常常冒出一些短暂的分离需要，这意味着他要学习新的内容并在新的领域挑战自己。

幼儿的"我"是对妈妈的内化

在这个阶段，如果妈妈不理会幼儿，而听任其自己探索，那么幼儿势必会遭受太多的打击，并最终形成"我不行，而且没有人爱我"这样一种意识。如果妈妈太害怕幼儿受伤，什么都替他完成，那么幼儿的自主性就会受到伤害，并最终形成种种不良意识，如"什么都会有人替我解决"，"妈妈太能干了，但我什么都做不好"，等等。

4. 个体化期（24~36个月）。如果妈妈尊重幼儿自己探索的需要，而且一直保持这个形象，那么，幼儿就会认同妈妈，他心中就会有一个"积极妈妈"。

这时，虽然孩子从心理上已经与妈妈分离，他彻底意识到"妈妈是妈妈，我是我"，妈妈与"我"之间有一个清晰的界限。但实际上，他心中的"我"是对妈妈的内化。

可以这样说，妈妈的爱让幼儿找到自己——自己的内容就是对妈妈的内化。但是，只有分离才能让幼儿成为自己。

接下来，还有对爸爸的爱与分离，对爸爸妈妈的其他替代者——爷爷奶奶、外公外婆等重要亲人的爱与分离。谁最爱他，谁的爱与分离就越重要。但最关键的，仍是与妈妈和爸爸的爱与分离。与爸爸的分离一样非常复杂，本文暂不论述。

> **幼儿与妈妈的三种心理分离**
>
> **成熟分离**：幼儿内化了妈妈的形象，有了自己。但幼儿有了自主性，他形成了主动、积极探索的特质。
>
> **拒绝分离**：如果妈妈不愿意与幼儿分离，或错误地什么都替幼儿做主，从而阻碍了这个心理上的分离过程，那么，幼儿就会形成依赖症，现在，他特别依赖妈妈，以后，他特别依赖爸爸或其他亲人。等长大后，他会依赖别人。
>
> **单纯分离**：妈妈不理解甚至根本缺乏理解幼儿的意愿，也拒绝与幼儿分享他探索世界的情感和体验，那么，幼儿就会陷入孤独症。他可能会极度自恋，也可能会患上孤独症。

第三个分离：与家的分离

这一过程从幼儿园开始直到我们成人才结束。

"与家的分离是一个漫长的过程"，荣伟玲说，"它从进入幼儿园开始，一直到变成成人才基本结束。当然，有些人一辈子都完不成这个过程。"

在这个过程中，初期亲子关系造成的模式开始发挥威力。

我在北京做电话心理咨询时认识的一个打工仔，他上初中时仍每天晚上回家和妈妈睡在一张床上。那个学校全是住宿生，唯独他例外。他的村庄离学校2.5公里，每天晚上他都要步行回家，一早又步行去学校。因老被同学笑话，他最后退学了。

直到他长得五大三粗时，妈妈才拒绝和他睡一张床，但这未免太晚了，他对妈妈的依赖已严重到病态，因为想妈妈，他每天都要哭，每个星期都要给妈妈打三次以上的电话。在他的倾诉中,他说妈妈并不情愿和他睡一张床,不知有多少次赶他了,但他一死皮赖脸地求妈妈,妈妈就会心软下来。

这是孩子不想与妈妈分离,但也有另一种情形,妈妈无法完成与孩子的分离,她甚至会主动破坏这种分离。

派克在他的著作《邪恶人性》中讲到了一个故事:

>安吉拉的妈妈不能接受安吉拉有任何的自主性,她的寝室永远不能关门,妈妈任何时候都有权利走进她的房间。她11岁,妈妈心血来潮,想把安吉拉的头发染成金黄色,但安吉拉喜欢自己乌黑的头发,而不喜欢金黄色的头发。结果,无论安吉拉怎么反抗都没有用,妈妈最后还是将她的头发染成了金黄色。安吉拉讲话的时候,妈妈说不定什么时候就会命令她闭嘴。但一旦心血来潮,妈妈又会拼命去挖掘安吉拉的内心世界,问她想什么。
>
>结果,到了30岁的时候,安吉拉不能说话了。她是一名教师,本来可以流畅地讲课,但忽然有一天,她说不出话来了。

派克分析说,与妈妈的关系让安吉拉形成一种潜意识的模式:关系越亲密,她就越没有自己的空间,而她维护自己空间的唯一方式就是不说话。因为无论妈妈怎么侵扰她的个人空间,她只要不开口,妈妈就一点办法都没有。在这种潜意识模式的影响下,安吉拉生活中的任何一个关系,当从疏远变成亲密时,她就会"失语"。这种"失语"只是为了捍卫她的隐私空间。

像这样的父母并非少数。派克说,一些父母之所以如此,是因为他们将孩子当作了一个"物",而不是人。他们认为自己有权力去支配这个自己生养的"物"。在这种情况下,无论父母倾注的是善意还是恶意,这个孩子的自主性都不会得到尊重。

不过，无论父母怎么样，孩子都不可能再像小时候那样黏父母。因为，父母在孩子心中已从"无所不能的神"还原为有很多缺点的普通人。这时，孩子需要新的"神"。他们需要找到新的偶像去认同，从偶像的人格中汲取养料，以成为自己。这些偶像可能是老师、同学等身边的人，也可能是遥不可及的明星、科学家、政治家等大人物。

这时，有拒绝分离模式的孩子很容易受到伤害，因为他们遇到的认同对象经常与他们是不一样的。如果认同对象是单纯分离模式，那么对象会主动远离他。如果认同对象是拒绝分离模式，那么两个人会腻在一起，但这并不甜蜜，因为两个人的成长速度都会因为亲密而慢下来，新的亲密关系不仅没有促进他成长，反而会成为累赘。

> **与家的三种分离模式**
>
> **成熟分离**：爱家，但又喜欢独立。
> **拒绝分离**：恋家，无法独立。
> **单纯分离**：逃离家庭，拒绝与家庭继续保持联系。

温暖的过客：我们的拯救者

也有可能，在与家分离的这个漫长过程中，我们会有幸碰上这样一种人——你认为他们很重要，他们也喜欢你，无条件地尊重你，但同时又不与你粘在一起。那么，这样的人哪怕只出现在我们生命中的一个瞬间，他也会对我们起到治疗作用，他们会驱散我们生命中的一些错误，将我们拉向成熟分离模式。

我上初二的时候，班里来了一位临时老师。当年，她高考发挥失常，没有考上理想的大学，于是来我们学校做一段时间的数学辅导老师。初二上学期的一次模拟考试，我正飞快地写答案时，她悄悄走过我身边，对我说："细心点啊，我都看到好几个错误了。"

等考试结束后，我问她为什么对我这样说，这好像违反了考试纪律。她回答说："你是最好的学生，我不忍心看你犯错误。"我很感激，但也很纳闷，接着问："可我只在班里排七八名啊。"

"我相信你是最好的，"她回答说，"虽然现在还不是。"

她这句话让我感动坏了，她从此成为我的一个偶像。后来，我没辜负她，果真成了成绩最好的学生。

这位老师不久离开了我们学校，并没有教我多长时间。可以说，她和我的关系，看起来非常不起眼，但我知道，这是我生命中最重要的瞬间之一。现在，我知道，在这个瞬间，这个老师给我的就是无条件的爱，她没有因为我成绩好而明显喜欢我，也没有因为我成绩差而明显疏远我。这是一种无缘无故的爱，这种爱就仿佛是我们生命中的烛光。一般时候，我们会忽视这种烛光的存在。但是，当到了一些黑暗的时候，到了我们消极、绝望的时候，这种烛光会变得非常亮，非常温暖。

并且，点燃这烛光的人，却丝毫不企图在你心中占据重要地位，丝毫不想控制你。他们来了，点燃了烛光，又走了，就仿佛是你生命中的一个过客。但这样的过客，会给你留下温暖，会让你更相信自己，同时也更相信别人。让你对关系更有信心，也让你对自己更有信心。

这样的过客，我称之为我们生命的拯救者。如果我们本来温暖，他们会让我们更温暖。如果我们本来冰冷，这样的温暖会融化我们心中的坚冰。

男孩归爸爸，女孩归妈妈

男孩在胎儿期和童年早期，主要是受母亲的影响。如果他不能突破这种影响，母亲的影响就会充斥着他的心身。他会深深感受到母亲的力量和重要性。在母亲的影响下，他以后很可能成为一个感情骗子和调情高手，但他无法成长为一个珍惜女人并维持长久伴侣关系的男人，无法成为一个好爸爸，也无力维持一段平等的男女关系。他必须放弃那最原始、最亲密的对母亲的依附关系，去接受父亲的影响。

——德国家庭治疗师伯特·海灵格[1]

让一个男孩成为男人，让一个女孩成为女人，这是正常父母的自然期望。要实现这个目标，3~6岁是关键期。

按照精神分析的理论，3~6岁是"俄狄浦斯期"。通俗的说法就是，男孩

---

[1] 伯特·海灵格（Bert Hellinger，1925~　），德国心理治疗师，"家庭系统排列"创始人。

会出现恋母倾向且嫉妒父亲，女孩会出现恋父倾向且嫉妒母亲，他们都期望取代同性的父母而与异性的父母建立唯一的关系。

在这一阶段，如父母有意无意顺应了孩子的这个愿望，譬如妈妈与儿子建立无比密切的关系，并让儿子知道，妈妈在乎他更甚于爸爸，或父亲与女儿非常亲密，并让女儿相信，爸爸爱她更胜于妈妈，那么，孩子就会发展出"俄狄浦斯情结"[①]，一方面，他会过于依赖异性父母；另一方面，他会对同性父母缺乏敬畏并与之疏远。随着年龄的增长，这样的孩子还会发展出一系列问题，譬如只结交异性朋友而难以融入同性的圈子，甚至还可能会发展成同性恋。

"要顺利地度过俄狄浦斯期，关键是夫妻关系要和谐而平衡，"咨询师胡慎之说，"父母都爱孩子，但他们同时又深深相爱，他们不会因为爱孩子而忽略对配偶的爱。这样一来，孩子就会懂得，尽管异性父母如此爱他，但强大的同性父母才是异性父母最好的伴侣，而他不过是个孩子。于是，他们会安心地做孩子，享受强大的父母给他们的爱。同时，他们努力向同性父母靠拢，知道只有变得像同性父母一样，才能赢得异性父母更多的爱。"

他强调说："这种心理转变，是男孩成为男人和女孩成为女人的基本动力。"

夫妻关系有优先权

胡慎之说，三岁前，孩子没有性别意识。一般情况下，无论男孩还是女孩，都与妈妈的关系最亲密。但从三岁左右开始，孩子有了性别意识，会越

[①] 俄狄浦斯情结，又称"恋母情结"，是指儿子亲母反父的复合情结。它是弗洛伊德主张的一种观点。这一名称来自希腊神话王子俄狄浦斯的故事。后也引申有"恋父情结"之意。

来越渴望与异性父母亲密，在约五岁的时候，这一愿望达到顶峰。如果父母的关系稳定而和谐，那么孩子这种欲亲近异性父母的渴望就会逐渐下降，并最终表现得与同性父母更亲近。

男孩要归父亲，女孩要归母亲，德国家庭治疗大师海灵格对此概括说，他们应该先向异性父母靠拢，并从这一关系中吸纳异性的力量，体会到自己对异性的吸引力，同时体验到异性对他的吸引力。然后，男孩回到男性的世界，成为一个男人；女孩回到女性的世界，成为一个女人。只有这样，他们的心理才更健康，而这个世界，也才更和谐。

并且，海灵格强调，"在一个家庭中，丈夫和妻子之间的关系有优先权"，做父母的切不可为了"爱孩子"而忽略配偶。实际上，孩子乐于看到父母相爱，而不是都到他这里来争夺爱。如果父母相爱，孩子就会安心地去做一个快乐的孩子，而不是把自己妄想成异性父母的成年配偶，去做一些和他这个年龄段非常不相符的事情。

没有爸爸，就创造一个出来

特别小的孩子，只要有一个人爱他，他就满足了。但三岁大的孩子，会渴望同时拥有爸爸妈妈的完整的爱，也就是说，他既渴望同性父母的爱，也渴望异性父母的爱。"如果少了一个，他会创造出另一个形象来。"胡慎之说。

咨询师于东辉在他的文章《爸爸在月亮上砍树》中提到了这样一个故事：

一个小男孩问妈妈："爸爸在哪里啊？为什么还不回家呢？"

妈妈安慰他说："爸爸爬到了月亮上面，现在正在里面砍树。"

实际上，男孩的爸爸几年前就去世了，是男孩的妈妈亲自送走的。她不忍心告诉儿子残酷的真相，于是编织了一个美丽的谎言。

这个谎言让儿子的眼睛亮了起来，虽然住在一个整天漏水的破旧房子里，虽然生活是那么艰辛，但每到夜晚，他就会微笑着看着月亮，有时会自言自语地说一些话，他相信妈妈的话：爸爸在月亮上砍树呢，以后会回来盖一栋漂亮的、不漏水的大房子。

几年后，妈妈也去世了，但男孩坚强地活了下来。尽管已经明白，这只是妈妈编织的一个美丽的谎言，但是，每当遇到挫折与苦难时，他只要抬头仰望月亮，心里总会感觉到一股暖意，仿佛在高高的天空之上，真有一双慈祥的眼睛，正热切地注视着自己。

再过了几十年，曾经的男孩变成了国内一家大型建筑公司的老板，已经修造起无数的高楼大厦。

这是一个真实的故事。

在小孩子眼中，父母都很强大

这个故事表明，父亲并不需要多么成功，多么强大。实际上，在3~6岁孩子的眼中，父母都是强大的。关系的平衡不在于外在的衡量，而在于内在的情感。3~6岁的孩子，他们没有什么外部评价体系，他们不在乎拥有太多的物质条件，也不会拿这些东西去衡量父母的价值。就算这个年龄段的孩子开始喜欢与别的孩子比较物质条件，那也一定是父母教给他们的。

经常的情形是，一个妻子经常当着儿子的面指责丈夫不能干、挣钱太少，结果儿子就学会了用挣钱多少去衡量一个人的价值。

更要命的是，这样的孩子可能学会和妈妈一起嘲笑爸爸，这不仅会让爸爸受伤害，也会让这个孩子看不起爸爸，从而不愿意向爸爸认同，最终就表现成不愿意向男性认同，并在以后成长中遇到一系列的问题。

同样的道理，如果一个男人经常当着女儿的面嘲笑妻子笨、不会持家，那么 3~6 岁的女儿也会看不起妈妈，从而不愿意向妈妈认同，最终就表现得不愿意向女性认同。

案例：表面上亲妈妈，实际上学爸爸

孩子天然知道，自己是爸爸妈妈的结晶。所以，他天然有一种维护爸爸和妈妈关系的倾向。尽管在 3~6 岁期间，他会渴望亲近异性父母并嫉妒同性父母。但是，如果异性父母有意无意地利用孩子这一心理特点，而与孩子建立了密切的关系，并使孩子看起来真的疏远了同性父母，那么孩子会下意识地去做一些事情，譬如学习同性父母的一些特征，以表示自己仍然是同性父母的孩子。

在我们的文化中，最典型的一种现象就是，母亲是家里的强势一方，儿子表面上追随她，并在表面上拒绝自己的父亲，但他私底下却效仿父亲。并且，他并没有意识到自己在做什么。

譬如，方方的爸爸是个酒鬼，他妈妈对这一点深恶痛绝。两人离婚后，她拒绝让前夫见儿子，理由是怕儿子学他嗜酒。方方同意妈妈的看法，他的确很少见爸爸，而且表现出鄙弃爸爸的样子。但等上了大学后，酒对方方有种不可思议的吸引力，他无法克制住自己想喝酒的冲动，经常喝得烂醉如泥。每次妈妈斥责他，方方也总是懊悔不已，但就是无法克制。

在咨询中，心理医生帮助方方找到了他嗜酒的原因：原来，他内心中无比渴望对爸爸的认同，而嗜酒是爸爸最明显的特点，所以他就以嗜酒的方式表明，他还是爸爸的儿子。心理医生告诉方方的妈妈，她不能阻止儿子与爸爸交往，因为这等于是让方方相信，他不是爸爸的儿子。但所有的心理问题

都源自对真相的扭曲,这在亲子关系上也不例外,方方在意识上越否认爸爸,他在潜意识中就越会向爸爸认同。

最后,方方的妈妈允许儿子和爸爸来往,而心理医生也让方方懂得,要首先接受自己的爸爸是个酒鬼这个事实,并且明白嗜酒是爸爸的事,他不用去管,但他能管自己。等方方真正领悟到这一点后,他就自然而然地不再嗜酒了。

案例:靠拢爸爸的儿子更尊重、更疼爱妈妈

类似这样的事情很多。30岁的阿江从小和妈妈关系亲密,而且和妈妈一样瞧不起软弱的爸爸,但聪明能干的他却继承了爸爸的一个最让妈妈反感的特征:拖沓。和方方一样,他以这种方式表达对父亲的忠诚。

这也是一种逃脱。其实,迎合儿子在俄狄浦斯期的渴望,从而与儿子结成非常亲密关系的妈妈,实际上非常需要儿子的依赖,她是在滥用儿子对她的忠诚,这不仅会破坏儿子与爸爸的关系,也会阻碍儿子与未来伴侣的关系。

湛江市的张女士写信描述了她的痛苦。她结婚14年了,夫妻关系以前很好,但搬回婆婆家后,关系就日趋恶劣。张女士说,婆婆先是挑拨儿子王凤,说媳妇瞧不起她,见这一招无效后,又改说张女士的父母瞧不起自己家的女婿……经过妈妈长时间的努力,王凤从一开始的半信半疑逐渐演变成了对妻子的斥骂和殴打。最后,王凤找了一个情人,开始整日整夜不回家了。

婆媳关系这个难题可能由我们文化的特点所致。在我们的文化中,夫妻关系的重要性既不及新家庭的亲子关系,也不及原生家庭和父母的关系。这就导致,妈妈会被社会和文化鼓励与儿子建立亲密关系,至于忽略丈夫,仿佛是天经地义。这样一来,儿子就先是不能与父亲很好地认同,最后又难以和妻子建立好的关系。

对此，海灵格描绘说："一个女孩儿能够很容易地回来，但是，当儿子面对一个精明、有吸引力、非常重要的母亲时，他会觉得自己太弱小而不能离开她，他无法靠自己的力量彻底离开。如果他想结束孩提时代从而成为一个男人，就必须进入父亲、祖父以及男人的世界，在那里才能获得离开母亲影响的力量。"

儿子与妈妈粘在一起的结果对谁都不利。儿子似乎最亲妈妈，但他一定会有种种异常，以表现出对妈妈的背叛，譬如方方的嗜酒和阿江的拖沓，而王凤则通过婚外恋以及整日整夜不回家，表达对妈妈的逃避。没有人是"恋母情结"的胜利者。

海灵格强调说："只有当男孩受到父亲的影响，女孩受到母亲的影响时，这种均衡的关系才可能形成。在现实生活中你可以注意到：受父亲影响的儿子，比起单纯眷恋母亲的儿子来说，会更加尊重、疼爱母亲。同样道理，当一个女儿抛开她对父亲的眷恋，回到母亲身边时，她并没有失去父亲，她的父亲也没有失去她，反而她会更尊重父亲，更爱父亲。"

案例："恋母情结"诱发同性恋苗头

男孩归父亲，女孩归母亲，这是3~6岁时的最佳情境。等孩子长大了，父母还应该让男孩进入男孩的世界，让女孩进入女孩的世界，否则就容易出问题。

16岁的广州男孩阿剑怀疑自己是同性恋，他对胡慎之说，在学校里，他只喜欢男孩子而对女孩从不感冒。原来，阿剑的父亲早就去世，妈妈担心他会遭到其他男孩的欺负，不让他和男孩交往，只让他和女孩交往。常年以来只和女性交往，这导致阿剑向男性的性别认同出现了麻烦。

胡慎之说："**性别角色不只是性与心理，而是意味着整个世界。男孩必须进入男人的世界，女孩必须进入女人的世界**。他们不只是在与父母、在家里形成性别角色，他们还要在生活的洪流中形成对性别的完整认识。"

还有一些家庭，父亲非常成功，社会形象很强大，但儿子又与妈妈的关系过于紧密，他会在3~6岁期间，因为妈妈的做法，认为自己比爸爸棒。然而，随着年龄的增长，这种想法被现实无情地粉碎，这个男孩就会陷入巨大的焦虑——他强烈地希望超越爸爸，但却发现无论如何都不可能实现。

15岁的阿义就是如此，他出身豪门，父亲是一家集团公司老总。小时候一直是妈妈带他，而且，妈妈经常向阿义"描黑"爸爸，讲述爸爸一些搞笑的事情，甚至会透露爸爸的桃色传闻。这样一来，阿义会下意识地认为，自己比爸爸更适合做妈妈的伴侣。换句话说就是，他认为自己比爸爸更出色。

但是，等长大后，阿义才发现，原来爸爸是如此出色，管理着数万人，头脑和口才都是一流，无论碰到什么难题都能镇定自若地顺利化解，阿义无论去哪里都能发现爸爸的崇拜者。

阿义也变成了爸爸的崇拜者，他开始讨厌妈妈，甚至与妈妈为敌，妈妈再说爸爸的坏话时，他会极力地为爸爸辩护。并且，他变得比爸爸还"爸爸"，拼命模仿爸爸的一切行为举止，经常学爸爸训斥集团的高层领导，甚至几次偷家里的钱去投资。

之所以来看心理医生，是因为阿义发现自己的性取向有一些问题。年纪小小的他已经和女孩子谈了很多次恋爱，但他向胡慎之坦然承认，女孩并不能让他兴奋。相反，倒是一些男生经常引起他莫名的兴奋。要么向女性认同，要么扮演成"男人中的男人"。

胡慎之说，阿义之所以成为这个样子，主要原因是俄狄浦斯期的冲突没有处理好。在阿义3~6岁时，妈妈与阿义的关系过于亲密，并且经常当着儿子的面说丈夫不好，这正好迎合了儿子的恋母倾向，让他觉得自己比爸爸更棒。但是，等进入青春期后，他这个幻觉很快被击垮了，因为爸爸是那么强大，仿佛阿义怎么努力都无法超越。

"恋母情结很严重的人，下意识里自以为比爸爸更出色。如果爸爸不够强，这种幻觉就不会引发太大的问题。但如果爸爸实际上非常强大，那么这种幻觉的破灭就会带来很大痛苦。"胡慎之说。

胡慎之又分析说，阿义频频地与女孩谈恋爱，又根本不享受这个过程，其实他是想以自己能征服一个又一个异性这种夸张的方式表明，自己真的是一个很棒的男人。他像爸爸一样训斥集团公司的高层，或者拿钱去投资，其实都是为了表明，自己可以超越父亲。但是，无论他怎么努力，出色的父亲都是一座不可逾越的高山。

"超越父亲太难了，做一个男人太难了，于是他有了向女性认同的想法，这可能是他产生同性恋倾向的心理动因。"胡慎之说。

不过，这也可能是青春期的假性同性恋。最终，阿义可能还会采用更极端的方式去"超越父亲"，那就是变成一个极端男性化的男人。"一些曾经娘娘腔的男孩，后来变得比所有男人还男人，"胡慎之说，"但这是做出来的，并不是他们的心理真相。他们这样做，只是因为太想让别人承认他们是很棒的男人，是比他爸爸更棒的男人。"

俄狄浦斯期是性别认同的关键期。只有在这个阶段，男孩承认自己不如父亲，然后以模仿父亲的方式实现对男性的认同，从而具备男性的性别意识，才是最自然的。如果这个任务要放到六岁以后甚至青春期才去做，而父亲又恰好是一个非常强大的人，做儿子的就会感到无比痛苦。

女孩也会有类似问题，如果父亲偏爱女儿而忽略妻子，但妻子实际上又非常优秀，那么，这个女孩进入青春期后，也会发现妈妈实际上比她棒多了，从而也感到无比痛苦，并可能在性别认同上出现问题。

男孩进入男人的世界，女孩进入女人的世界

怎样才能让孩子顺利地度过俄狄浦斯期呢？其核心就是，重视与配偶的关系，明白这才是家庭中最优先的关系，亲子关系则不是。

对于我们的文化，这是一个挑战，因为我们习惯了将孩子置于家中最核心的位置，但从心理学角度看，这并不是最合适的。海灵格将孩子称为"家庭中的救世主"，就是因为孩子天生有一种倾向，要牺牲自己，以平衡父母的关系。如果父母的关系和谐而平衡，同时又爱孩子，那么孩子自然而然会成为健康的孩子，爱父母且以父母为傲。如果父母的关系是倾斜的，那么孩子就会做出种种匪夷所思的事情以平衡这个关系。这会制造出许多家庭的迷雾，表面上，家庭关系是这样的，但实际上，家庭关系却是另外一个样子。要切记：**父母关系才是孩子心理健康的模板，而且也是孩子以后进入社会、与他人建立关系的模板。**

与配偶相爱，爱孩子，同时让孩子知道，配偶才是自己合适的伴侣，他（她）与自己不仅仅是相爱，还可以帮助自己解决很多生活上的难题。这会让孩子懂得，父母无条件地爱他，但他只是一个还远没有长大的孩子，父母要负担很多沉重的责任，而他安心地做快乐的孩子就行了。

譬如，大大地称赞他（她）像爸爸（妈妈）的地方，告诉儿子（女儿），你好得快赶上爸爸（妈妈）了。

如果只试图爱孩子，却不爱配偶，甚至阻止孩子去爱配偶，那你就会发现，无论你怎么努力，无论你的配偶是多么不堪的人，孩子都会出现各种各样的问题。

男孩成为男人，女孩成为女人，这是一个漫长的过程。3~6岁会打下一个非常关键的基础，但如果男孩想成为有魅力的男人，女孩要成长为有魅力的女人，他们不仅要进入同性父母的世界，还要进入同性的大世界，譬如结

交众多的同性朋友。我们不断回到异性的世界，但我们首先属于同性的世界，与同性的交往——喝茶聊天、饮酒作乐、在俱乐部里消遣、学习充电、集体运动或随便什么事，都可以让男性补充男性的能量，让女性补充女性的能量，从而让他保持他的男性魅力，让她保持她的女性魅力。这才是这个世界最和谐健康的整体关系模式。

相反，如果男性总停留在女性的世界，女性总停留在男性的世界，那么不管它具体是怎么回事，都意味着一些问题的存在。

宠爱自己——溺爱的心理真相

表面上看，溺爱仿佛有那么一点伟大的味道，因为从现象上看，溺爱的父母是通过牺牲自己来满足孩子的需要的。但实际上，溺爱源自父母的自恋，溺爱的父母无视孩子真实的成长需要，而是将孩子当作自己的另一个"我"，给予过度满足。可以说，无限制地给予孩子，其实是在无限制地给予自己。

"每个人内心中都藏着两个'我'。一个是'内在的父母'，其内容是我们对自己的现实父母和自己理想父母的内化，当我们做父母时，这个'内在的父母'就是我们自己。另一个是'内在的小孩'，其内容是我们对自己童年体验的记忆和自己理想童年的内化。"咨询师荣伟玲说。

她断言说："溺爱有很多种原因，其中最重要的一个原因，就是父母'内在的小孩'向外的投射。溺爱的父母将自己'内在的小孩'投射到现实中的孩子身上，他们无节制地给予孩子，其实是在无节制地满足自己。"

心理医生的蛋糕究竟为谁而买？

荣伟玲说，刚发生的两件事情让她醒悟到，如果她做了妈妈，只怕也会是一个溺爱的妈妈。

一次她在一家咖啡店接受采访，等待记者时，她买了一个比较昂贵的小糕点。但买了之后，她觉得这个糕点不是买给自己的，而是买给另一个人的，但另一个人是谁呢？她略微思考了一下，找到了一个答案：同事九岁的儿子。

当时还没有孩子的荣伟玲很喜欢这个小家伙，她在家里备了一个礼盒，里面总放着一些诱人的糕点，但她从来不吃，总是留给这个小家伙或其他孩子。最近几个星期，因为工作太辛苦，一天晚上下班后，她想纵容自己一下，于是打开了这个礼盒，但刹那间，她的脑海中突然出现了一句话："我吃这么好的糕点，太浪费了吧。"最后，她去了医院的小吃店随便买了点糕点犒劳了一下自己。

"那些糕点为他而留，咖啡店的这个糕点也为他而买。"她说，"但我突然间问自己，那个小家伙喜欢吃咖啡店的这个糕点吗？答案是，不知道。但我知道，这个糕点的口味是我最喜欢的一种。就在这一瞬间，我明白，它其实是为我'内在的小孩'而买。"

领悟到这一点后，荣伟玲知道该纵容自己一下了，于是她消灭了这个小糕点，但心中仍然隐隐地有一点负罪感。

"这个负罪感是我'内在的父母'在说话，他说，你这么大人了，不该这样惯自己，"荣伟玲说，"那些溺爱的父母也一样，他们'内在的父母'也告诉他们，爱自己不对。既然如此，他们就只好去拼命爱孩子。"

这听起来很好，但问题就在于，当父母溺爱孩子的时候，他们很容易会忽视孩子自身的需要，尤其是成长需要。溺爱的父母恨不得自己的孩子永远都不要长大，一辈子都做他们"内在的小孩"的被投射对象，否则就会感觉到失落，就像是丢掉了什么似的。

荣伟玲说，之前她无数次憧憬过，要是她有个女儿，一定会经常带她去糖果店、糕点店……让她吃遍自己喜欢吃的所有糕点，而自己看着她吃就非常满意了，"这其实是我'内在的小孩'的满意"。

"虽然我自认是优秀的心理咨询师，虽然我理智上知道溺爱不好，我也一次次地给别人做过咨询，"荣伟玲感慨说，"但如果没有这些领悟，我一样会成为一个控制不住溺爱行为的妈妈。"

包办型溺爱让子女为父母而活

咨询师袁荣亲认为，溺爱是一种懒惰的、不负责任的爱。与溺爱相对应的是真爱，真爱是尊重孩子独立的爱，真爱的父母懂得在孩子不同成长阶段满足他不同的成长需要。真爱的父母懂得放手，接受并乐于看到孩子的自我独立和自我成长。

"这是一个挑战，它首先要父母承认一个事实：孩子是一个独立的人，不是'我'的附属品，"袁荣亲说，"要做到这一点，并不容易，所以很多父母选择了偷懒的溺爱。"

袁荣亲总结说，溺爱有两种：包办型的溺爱和纵容型的溺爱。包办型溺爱的父母把孩子的一切都安排好了，孩子不动手就可以得到一切，他们不鼓励甚至不喜欢孩子自己去解决问题。纵容型溺爱的父母，孩子要什么就给什么，不管多么小、多么不合理的要求，他们都会拿出全部力气去满足。

18岁之前，我们一直在致力于探索一个问题：我是谁？这个探索过程从刚出生不久就开始，但到了1.5~3岁会达到第一个高峰期。在这一阶段，如果父母鼓励孩子自我探索，那么他就会形成他自己的感觉、他自己的能力、他自己的思想……而这一切最终融合到一起让他知道"我是谁"。

美国心理学家帕萃丝·埃文斯[1]在她的著作《不要用爱控制我》中写道，她一个朋友早在两岁时就第一次"看清楚了自己"。当时，他妈妈把他和姐姐单独留下来几个小时，就在那个时候，他"感到一种安全感，并看清了自己……从那时开始，大多数时候他都能感觉到自我的存在"。

他能有这种感觉，那一定是他父母中的至少一人或两人都尊重他的独立性，尊重他的自我感觉，而不是把他们"内在的小孩"强加到他头上。

这样的人是幸运的，他们在很小的时候就有了明确的自我意识，而长大后，他们会发现自己拥有鲜明的个性、强烈的好奇心和高度的创造力，像爱因斯坦、牛顿、尼采等所谓的天才莫不如此。

我们只有通过自主的探索，才能形成自我，知道自己是谁，知道自己在这个社会上最适合的位置。由此，我们还会有强烈的责任心，因为这一切是我们自己选择的。

但是，如果碰上包办型溺爱的父母，他们就会剥夺孩子自我探索的机会，他们太重视塑造，刻意按照他们的意图来塑造孩子，而不懂得尊重孩子的独立人格。那么，无论他们的安排多么完美，他们的孩子都会有一种感觉，他们好像不是为自己而活。

譬如，一名28岁的女钢琴家，她在弹了23年钢琴、拿了多个大奖之后，有一天突然醒悟，她从来都是为别人而弹，她从来没有为自己而弹。这让她产生了要崩溃的感觉，因为她觉得自己的前28年好像都白活了。

这种例子比比皆是，部分包办型溺爱下的孩子成功了，但和这位女钢琴家一样觉得没有为自己活过；大量包办型的孩子失败了，他们一生都无法离开父母而独立生活。

---

[1] 帕萃丝·埃文斯（Patricia Evans），加拿大埃文斯人际关系研究中心创始人、畅销书作家、心理咨询顾问。

"妈妈对我这么好，我怎么能生妈妈的气呢！"

在中国，包办型的高度溺爱一般都伴随着一个高要求：好成绩。也就是说，包办型溺爱是交换性的，父母替孩子安排好一切，但孩子要回报一个好的学习成绩。

25岁的广州女孩文文就是这样长大的，她虽然工作成绩出色，领导赏识她，公司企业文化也很宽松，但她总是担心自己做不好，并因此来看心理医生。

文文有两个哥哥，她是家中最小的孩子，从小就是父母的掌上明珠，她的所有要求只要一提出来，会立即得到父母的满足。不仅如此，身为知识分子的父母为她安排了从幼儿园到找工作的所有人生历程，对她只有一个要求：学习要拔尖。

文文很争气，从最好的幼儿园、重点小学、重点中学，到名牌大学最吃香的金融专业，她一直是成绩最优秀的乖学生。她大学毕业后，在父母的要求下，又回到广州进入一家欧资企业。她的工作也很出色，三年里已多次被提拔。

在前几次的咨询中，她对袁荣亲说，她的唯一问题就是紧张，至于父母，"我没有一点怨言，他们可是完美的父母"。

只有在谈到恋爱时，她才开始对妈妈出现了一点怨言。因为毕业后的三年来，妈妈一直在张罗她的婚姻大事，给她介绍了不少男朋友，"他们条件都很好，但我一个都不喜欢……我知道，他们都挺棒的，但我就是讨厌他们，或许是我讨厌父母的安排吧。"妈妈怎么劝文文都没用，现在一说起文文的婚姻大事来就唉声叹气，甚至几次当着亲戚的面哭了起来。

文文说，妈妈第一次哭的时候，她有点恼火，但立即想道："妈妈对我这么好，我怎么能生妈妈的气呢！"

袁荣亲知道，"我怎么能生妈妈的气呢"，这是一种自动思维，它会扭曲一个人的真实体验。于是，他试着让文文学习放下这种自动思维，重新体验一下她的真实感受。"妈妈第一次哭的时候比较久远了，就重新在咨询室里重演一下妈妈最近一次哭的情境吧！"

袁荣亲在咨询室中摆了两张椅子，椅子A代表妈妈，椅子B代表她自己。文文先坐在椅子A上，想象自己是妈妈，对着椅子B哭诉，说她是多么担心女儿嫁不出去。然后，文文坐在椅子B上，以自己真实的角色，对着椅子A说话。并且，要去掉脑子里那句自动思维"我怎么能生妈妈的气呢"。

结果，文文对妈妈的愤怒情绪爆发了。她大声哭喊着对"妈妈"说："我讨厌你和爸爸的安排！我要自己做主，我就是要自己做主！你们什么时候才能在乎我的感受，你们让我窒息！你让我窒息！"

这次情绪爆发让文文久久不能平静，她哭了好久，最后说："父母过度的爱，是窒息的感觉。我现在才明白，我一直是为父母而活着，我从来没有为自己而活。"

每个人只有为自己而活的时候，才是最有力量的。 文文的父母为女儿"完美"地安排好了一切，但这不是文文自己想要的，所以是僵化的。其实，文文内心深处一开始就不喜欢为父母而活，她无数次产生过叛逆的冲动。但是，既然父母那么爱她，他们那么富有牺牲精神，她怎么能够反抗呢？

所以，她只好把这种自主的冲动压抑下去了。但是，这种冲动不可能永远被压抑。她在工作中紧张，其实是因为公司"以人为本"的管理风格唤起了她内心深处"为自己做主"的冲动，但她发展出的种种不良自动思维，如"怎么能生妈妈的气"，"怎么能不听父母的话"，等等，令她无法接受这种冲动。

咨询到最后，文文明白，她现在要做的，就是释放自己的自主冲动，从现在起为自己而活。

溺爱：一个非常温柔的陷阱

文文是幸运的，她没有被包办型溺爱摧毁。袁荣亲说，这是因为她一直学习很好，所以在父母的高溺爱和高要求之间一直保持着平衡，但很多孩子就没有这么幸运，他们最终成了包办型溺爱的牺牲品。譬如，美国心理学家华莱士在他的著作《父母手记：教育好孩子的101种方法》中提到了这样一个例子：

一位母亲为她的孩子伤透了心，她不得不去找心理问题专家。

专家问，孩子第一次系鞋带的时候，打了个死结，从此以后，你是不是不再给他买有鞋带的鞋子了？

夫人点了点头。专家又问，孩子第一次洗碗的时候，打碎了一只碗，从此以后，你是不是不再让他走近洗碗池了？夫人称是。专家接着说，孩子第一次整理自己的床铺，整整用了两个小时的时间，你嫌他笨手笨脚了，对吗？这位母亲惊愕地看了专家一眼。专家又说道，孩子大学毕业去找工作，你又动用了自己的关系和权力，为他谋得了一个令人羡慕的职位。这位母亲更惊愕了，从椅子上站了起来，凑近专家问：您怎么知道的？

专家说，从那根鞋带知道的。

夫人问，以后我该怎么办？专家说，当他生病的时候，你最好带他去医院；他要结婚的时候，你最好给他准备好房子；他没有钱时，你最好给他送钱去。这是你今后最好的选择。别的，我也无能为力。

追星：幻想更全知全能的新"父母"

很多孩子都有过追星的经历，有的甚至很极端，曾经疯狂追刘德华的杨丽娟这个事例①就很典型，杨丽娟很可能就是包办型溺爱的牺牲品。她可能在学校或生活中遇到了一些挫折，自己不能解决，而父母也不能再像以往那样帮她解决。于是，她就躲在幻想和白日梦中，以逃避探索世界的乐趣、责任与挫折。

袁荣亲说，0~1.5岁的孩子，最重要的是培育安全感，1.5~3岁的孩子，最重要的是培育他们的自主能力。但可惜的是，许多包办型溺爱的父母，他们养成了在孩子0~1.5岁时为孩子解决一切问题的习惯，现在也为孩子包办一切。譬如，孩子要去拿一个十米外的玩具，他们不忍看着孩子蹒跚学步的样子，于是自己大步流星走过去，把玩具拿来递给孩子。看起来，他们做了件爱孩子的好事，但实际上，他们剥夺了孩子自主探索的机会。

华莱士将溺爱称为孩子成长道路上的"一个非常温柔的陷阱"。他描绘说："这是那些过分庇护孩子的父母辛辛苦苦亲手挖掘的。掉进陷阱的孩子，由于被剥夺了犯错误和改正错误的权利，也失去了长大成人的机会。"

1.5~3岁时，对孩子来讲，父母仿佛是全知全能的，孩子有什么需要，他们仿佛都可以轻松满足。但是，对于16岁的女孩，她的需要，父母就很难再满足了。父母不能替她学习，不能替她处理班级的人际关系，也不能替她发展创新能力……这个时候，受惯溺爱的女孩就会惊恐地发现，原来有太多的问题她不能处理。于是，她陷入无法面对自己的自卑。这个时候，她可能就会幻想一个更"全知全能"的新"父母"，期望他能溺爱自己，并化解她现在的所有生活难题，就像原来的父母在1.5~3岁时帮她化解一切难题一样。

这，可能是杨丽娟迷恋刘德华12年的心理机制。

---

① 指杨丽娟事件。疯狂追星女杨丽娟自1994年迷上刘德华之后，父母为达成女儿心愿不惜倾家荡产。至2007年这一事件因杨父跳海自杀、留下希望刘德华能和女儿再见一面的遗愿而达到高潮并最终落幕。

以爱的名义摧毁孩子的感受

包办型溺爱的父母不只剥夺了孩子自我探索的机会，实际上，他们对孩子的真实感受也常视而不见。他们习惯把自己的感受投射到孩子的身上，却以为那就是孩子的真实感受。他们这样做，会导致孩子严重不信任自己的感觉，令他们不从自己的身上认识自己，而是从别人对自己的定义中寻找答案。结果就是，他们迷失了自己。

"背叛自我就是背叛天性，"帕萃丝·埃文斯在《不要用爱控制我》一书中写道，"如果我们总'接受'别人对自己的定义，就会相信他们的评价更真实。通过别人的观点来认识自我，这种从外在因素认识自我的逆向方式，只能使对自我的认识更加模糊。"

埃文斯在书中提到了这样一个例子：

有一天，我和朋友正在一家咖啡馆喝咖啡。贝蒂女士和她七岁左右的女儿苏茜一起走了进来。她们看着玻璃柜里的各种冰激凌。

"你要哪种冰激凌？"贝蒂问女儿。

"我想要香草的。"苏茜说。

"有巧克力的。"妈妈说。

"不，我要香草的。"

"我觉得巧克力的更好一点。"

"不，我就要香草的。"

"你不应该要香草的。我知道你喜欢巧克力的东西。"

"我现在就想吃香草的。"

"你怎么这么倔，真够怪的。"贝蒂说。

在这个对话过程中，妈妈一直试图否认女儿的感受、女儿的判断，而试图将她自己的判断强加在女儿头上。她这样做，无疑是在告诉女儿，你内心的想法、你自己的选择、你自己的判断，是错的。她所谓"倔"的意思是：你不知道你的感受，我才知道，但你居然不承认。

妈妈这样做，其实是在将她自己的"内在的小孩"投射到女儿头上。看起来，她是在溺爱女儿——让她吃冰激凌，实际上，她对女儿的真实存在视而不见。

有谁能比我们更清楚自己的感受呢？

荣伟玲说，她也是这样对待同事的儿子的，她虽然问过他喜欢吃什么，但每次买糕点的时候，她还是倾向于买自己喜欢吃的。至于带女儿逛糖果店、糕点店的那种憧憬，更是典型的投射心理——看着虚构的女儿吃妈妈喜欢的糕点和糖果，妈妈满足了。实际这个虚构的女儿就是荣伟玲的"内在的小孩"，也就是她自己。

这样的例子比比皆是。有溺爱行为的父母，其实并没有真正站在孩子的立场上，他们不懂得孩子真正需要什么，也并不真正关注孩子的成长需要，甚至都没有兴趣去了解孩子的真实感觉、真实想法，他们只想把孩子塑造成他们心目中小孩的形象，而这会让真实的孩子丧失自我。对于这样的孩子而言，爱是一种令人窒息的枷锁，文文的案例证实了这一点。

在冰激凌的例子中，女儿一直在坚持自己，她之所以能这样做，很可能是她身边有一个人，可能是爸爸，也可能是其他重要的亲人，能看到并接受她自己的真实感受，而且鼓励她坚持自己的判断。否则，她早早就放弃了真实的自我，接受妈妈给她的安排了，也就是，放弃香草冰激凌，而选择妈妈提议的巧克力冰激凌。

不是自己的真实感受却要被别人说成是自己的感受，这不是很荒唐吗？有谁能比我们自己更清楚自己的感受呢？

然而，在习惯了包办型溺爱的父母看来，他们才知道孩子的感受是什么，而孩子自己却不知道。譬如，妈妈坚持让女儿学了十年钢琴。但是，上高中后女儿放弃了，不再弹钢琴了，而且告诉妈妈，她不喜欢弹钢琴，也不喜欢她的老师。

但这个妈妈却认为，女儿肯定喜欢弹钢琴，要不怎么能弹十年呢。而且，她也一定喜欢老师，要不老师凭什么喜欢她。

这是很多家庭一个习惯性的悖论：好像除了孩子自己，别人都知道他是谁，而他自己却不知道他是谁。

真爱与溺爱

一个人的成长过程就是他成为他自己的过程，爱是这一过程中最重要的因素。**我们给孩子提供什么样的爱，孩子就以适应这种爱的方式成长。**

真爱以孩子的成长需要为核心，在孩子不同的发展阶段给予他不同方式的爱，0~1.5岁时，给予孩子无条件的爱；1.5~3岁时，尊重孩子自主的探索，但又在孩子需要帮助时出现在他面前……这种以孩子的成长需要为中心的真爱会让孩子成为自爱、爱别人、有鲜明的自我意识、有健康的自主人格和高度创造力的人。

与真爱对应的是溺爱。这看似是自我牺牲的爱，其实是懒惰的爱。0~1.5岁时，父母以孩子为中心，他们怎么爱几乎都不会犯错。但到了1.5~3岁，他们仍然这样做，甚至直到孩子成人了，他们也仍然一成不变地以这种方式去爱他。最终，这会导致毁灭性的结果。要么溺爱下长大的孩子缺乏自我，他们只是包办式父母的简陋复制品；要么他们的自我无限膨胀，内心中只有自己，没有别人，并最终成为别人的噩梦。

　　特别重要的一点是，溺爱常常是强加，也即父母将自己的意志强加到孩子头上，并将之视为爱。孩子感觉到被否定了，但他却无法清晰地意识到这一点，因为父母和别人都觉得这是爱。譬如，孩子说，我吃饱了，大人说，你正长身体，多吃点。吃饱的感觉很好，但吃撑的感觉就很不好。我们整个社会都将溺爱说成爱太多，孩子需要很强的自我才能意识到，他其实是被伤害了。

　　所以说，**溺爱是陷阱**，实际上，溺爱的父母是在满足自己的需要，但它却披着"一切为了孩子"的外衣，而变得仿佛不可指责。

溺爱 = 过度地阻碍

我太爱你,所以伤害了你。

这样的逻辑常常可以听到,仿佛是,爱是一个极度危险的东西,常常导致伤害,并且越爱越容易导致伤害。

然而,这个世界上真正的道理是很简单的,其中最简单的道理之一是,**爱只会导致好的结果,而不会导致伤害,导致伤害的一定不是爱。**

溺爱是过度的爱,这是我们对溺爱的惯常理解。

这种理解会令人头晕,一些父母则会感到手足无措。心理学说,孩子小的时候,照料越少伤害就越大,但爱多了又是溺爱,溺爱一样会造成很多恶果,那到底该怎么办?

原来,我也以为,溺爱是过度的爱,但深入了解了一些溺爱的案例后,我对这个说法产生了怀疑。

溺爱中长大的人容易有一个连环反应:

一、挫折商低，一旦遭遇挫折就容易出现严重的逃避行为，譬如躲在家中不出门；

二、躲在家中后，他们的脾气很大，很容易对着父母发脾气，严重的还会对父母拳脚相加。

最著名的溺爱的例子是杨丽娟事件，但杨丽娟的行为也并不算最疯狂。最疯狂的故事可以在新浪网的社会新闻中屡屡看到，而且常是一个模式：溺爱中长大的孩子成了不孝子，常常向父母索取，如果不答应就拳脚相加，最后不是他将父母打死，就是他被父母或亲人打死。

网上曾流传一组图片，显示一个男孩要妈妈买一个玩具，妈妈不答应，于是男孩一把揪住妈妈头发，这时一个二十来岁女孩过来解围，被他呵斥"你滚"。之后他的反应更加激烈，还掐住了妈妈的喉咙，最后妈妈被迫给他买了玩具。

最受宠爱的孩子反而与父母成为生死敌人，这种故事强烈地刺激了很多人的神经，于是这种孩子常被谴责为"狼心狗肺"。

然而，恨意是什么时候种下的呢？仅仅是长大受挫折后产生的吗？

看不得孩子受苦，其实是自己的问题

要回答这个问题，可以先看一个例子：

一个蹒跚学步的孩子想拿一个十米外的球，大人懂了他的意图，于是急走几步，将这个球拿给了孩子。

当一个大人这样做时，这个孩子会是什么感受？

如果只是偶然发生，孩子可能很开心，但如果这种事情总发生，孩子的心中势必会产生愤怒的情绪。

因为，相比拿到这个球，孩子更重要的需要是要独立完成这个过程。在跌跌撞撞地走向这个球的过程中，他的手、脚和身体会产生一系列的感觉和体验。他会感觉到，是他在努力，是他在运动，是他在感受……这样的过程就是自我成长的过程，顺利地拿到了球，他会喜悦，他会切实地感受到自己的成长，切实地体会到自己身体和心灵的力量。

有时，在这个过程中他会摔跤，甚至会跌伤，从而产生受挫感，但毕竟，最后他还是独立完成了自我探索的过程，这会让他产生一种信念：尽管我受到了挫折，但我还是靠自己实现了目标。

假若一个孩子这样长大，他就会形成高挫折商，等离开家进入学校或进入社会后，一旦遇到挫折，他不会有严重的受挫感，因为他相信最终会靠自己找到解决问题的办法。

然而，假若是大人帮他拿到了十米外的球，也许他会开心，但他同时也会有这样一些感受产生：大人很强大，而我很弱小；有了问题，自动会有人帮我解决；我很愤怒，因为我的探索之路被打断了。

小孩子会经常说"我来……我来……"，他渴望自己用筷子或勺子吃饭，渴望自己穿衣服，渴望自己喝水，他还渴望帮妈妈打扫卫生……

懂得真爱的父母会尊重孩子的独立选择，而不是替孩子做事情。习惯于溺爱的父母或者看不得孩子"受苦"，或者不愿意让孩子添乱，于是不给孩子自主探索的机会，而是帮他们做各种各样的事情。

一般而言，看不得孩子"受苦"的父母，是自己的童年比较苦，他们对此很不甘心，于是有了孩子后，就拼命照顾孩子，发誓不让孩子吃苦。看起来，他们是不让自己现实的孩子吃苦，其实是不想让自己"内在的小孩"吃苦。

这是一种投射，是父母将自己内心的东西投射到了孩子身上。这样一来，他们对孩子真实的成长需要就容易视而不见。因此，即便孩子一次次地强调

"我来……我来……",他们仍然会拒绝让孩子独立选择,而一味地替孩子做事。看起来,他们成了孩子实现欲望的工具,但其实,他们是将孩子当成了自己的一个替代者。

在溺爱中长大的孩子,即便理性上不知道父母到底在做什么,但他会有感觉。他会感觉到,父母其实看不到自己的真实存在,而是将他们的一些东西强加到了自己身上。所以,就会有这样的情形出现:**父母越溺爱孩子,孩子越觉得窒息。**

过度溺爱,会令孩子既依赖父母又恨父母

在严重溺爱中长大的孩子,一离开家势必会遇到大问题。在家中,他们习惯了别人替他做事,他可以颐指气使,但到了家以外,很少有人会愿意接受他的颐指气使,相反,什么事都要他自己去完成。

然而,童年的经历告诉他,他是弱小的,做不了什么,要做什么,他必须依靠父母的帮助。但是,父母可以替他交朋友吗?不可以!父母可以替他学习吗?不可以!父母可以替他恋爱吗?更不可以!

于是,这个孩子会产生深深的受挫感。有受挫感是很正常的事,每个人每天都会产生种种或大或小的受挫感,但正常长大的孩子会坚信,尽管遭遇到了挫折,他仍可以靠自己实现他的愿望,而在溺爱中长大的孩子则习惯性地以为,他可以靠别人实现他的愿望。在家以外,这自然是不可能的。于是,一个习惯了溺爱的孩子会无法在学校和社会上靠自己去实现他的愿望,这就不只是受挫感的事,而是切切实实地无法实现他的目标。

这时,他会渴望逃回家中,毕竟在这里,还有人乐意替他做事情。

然而,一个大孩子的愿望和一个婴幼儿的愿望是不一样的,父母已无法

替他实现了。帮一个16个月的蹒跚学步的孩子拿一个十米外的球，对于父母而言是再简单不过的事，但帮一个16岁的孩子交友、学习甚至谈恋爱，却是父母很难做到的事情，而帮一个26岁甚至36岁的大孩子实现真正的价值感，则成了任何一个父母都不可能完成的任务了。

这时，这个大孩子的世界就会崩溃。

一旦崩溃后，他容易对父母产生很大的怨恨。不过，这个怨恨其实不是现在才产生的，而是很小的时候就开始累积了，当父母非要喂他吃饭时，当父母非替他穿衣时，当父母以安全的理由非要限制他的活动时……这种怨恨早已经产生了。

并且，他们的怨恨，如果从根本上而言，也不是没有道理的。他们现在经不起挫折，没法融入学校和社会等家以外的环境，这种苦果的确是父母的严重溺爱种下的。

一个20岁的女孩小妍，因为受不了老师的批评而退学。回到家后，她的脾气变得非常暴躁，经常对父母发脾气，有时还动手打父母。每次这样做了以后，她会非常自责，会痛哭流涕地请求父母的原谅，发誓再也不这样做，但她控制不住自己，过了不多久又会对父母发脾气、动手。

她之所以这样做，是因为在溺爱中长大的她在潜意识深处知道，她现在经受不起挫折，其中很大一部分原因在于过度的溺爱。她折磨父母，其实是在表达这样的意思：现在你们为什么不能帮我解决困难了？

以前，她习惯了有困难找父母，她越小的时候，父母能帮她解决困难的可能性就越大，因为那时挑战的难度不大，但她越大，遇到的挑战就越大，父母能帮她解决的可能性就越小。

溺爱和挫折教育都是对孩子的伤害

溺爱是对孩子伤害很大的抚养方式，但长期以来，我们一直都美化溺爱的倾向，集中表现就是将溺爱当作过度的爱。这样的说法，还是将父母的做法摆在了道德正确的位置上，而有的父母也会以此为自己辩解：我知道溺爱不好，但我实在太爱孩子了。

其实，真爱是不存在"过度"这一说的。如果是真爱，那么父母不管给孩子多少，孩子都不会出问题，相反，真爱越多，孩子的成长就越健康。

那么，什么是真爱？

看到孩子的真实存在，发现孩子的真实需要，并帮孩子实现他的需要，这便是真爱。

譬如，当一个蹒跚学步的孩子想去拿十米外的球时，他的真实需要不仅是要拿到那个球，还必须自己完成。这时的真爱不是替孩子拿到那个球，而是陪伴着、守护着孩子，看着他独立完成这个任务，并在他遇到危险的时候化解他的真实危险。

再如，当一个孩子明确地对你说"我来……我来……"的时候，他的真实需要就是这种自主行动的愿望。耐心地满足孩子的这种愿望，之后收拾孩子留下的混乱局面，这便是真爱，并且这的确比帮孩子解决问题要难多了。

我们常将"做什么"视为爱，但很多时候，父母"不做什么"才是爱。太多的时候，做父母的需要提醒自己，控制住自己干预孩子行为的冲动，因为太多的干预是不必要的。

如果说，孩子是天使，那么父母不是上帝，而只是天使的守护者。

并且，父母还要切记一点：一个孩子在 16 个月时化解一个挫折时的难度，远胜于他 16 岁、26 岁或 36 岁时化解一个挫折时的难度。16 个月大的孩子摔一跤哇哇大哭时的痛苦，远轻于一个 26 岁的孩子找工作、交朋友和谈恋爱时遇到挫折的痛苦。

所以，**要尊重一个幼小的孩子受挫折的权利。**

不过，我想强调一点：一个孩子的自然成长中自然会遇到很多挫折，只要大人给孩子自主解决的机会，那么他们会自动培养出高挫折商，并不需要额外的"挫折教育"。

我很讨厌"挫折教育"的逻辑：家里，我们忍不住溺爱你，让你成了温室中的花朵；家外，我们要给你强加一些挫折，让你经得起风雨。这样的做法，难受的全是孩子，在家里是强加的溺爱，在家外则是强加的伤害，而家长们则不过是在为所欲为。

自我效能感

溺爱，会严重伤害孩子的自我效能感。

自我效能感是心理学家阿尔伯特·班杜拉[1]提出的概念，指一个人对自己是否有能力完成某一行为所进行的推测与判断。

班杜拉将自我效能感与自信联系起来，他说，自我效能感是"人们对自身能否利用所拥有的技能去完成某项工作行为的自信程度"。

拥有高自我效能感的人，在追求一个目标时，会有坚定不移的信心，认为自己一定能实现这一目标。

影响自我效能感形成的因素很多，最重要的，是一个人自己的成败体验。大人或许以为，孩子的事情看起来很小，但实际上，对一个幼小的孩子来说，他要做的太多尝试都很重大，完成这些任务，要调动很多

---

[1] 阿尔伯特·班杜拉（Albert Bandura，1925~ ），美国当代著名心理学家，新行为主义的主要代表人物之一，社会学习理论的创始人。

东西、头脑、身体和心志等。每完成一个他认为的重大尝试，都会让孩子感觉到"我自己行"，久而久之就帮助孩子形成了强大的自我效能感。

若父母对孩子过于溺爱，总是"帮"孩子完成对他来说看似困难的事，这其实意味着，父母破坏了孩子的探索过程，破坏了孩子形成自我效能感的过程，最终在孩子脑中形成一个逻辑——他能否实现一件事取决于大人是否帮他。

所以，**让幼小的孩子独自探索，是一件无比重要的事**。这时，在大人看来，孩子的天地很小，但在孩子看来，这就是他的整个世界，他要先在这个世界里证明自己的力量，而后才可能信心十足地在更大的世界里去证明自己。

对物质的追求是对爱的渴望

上海,女中学生集体援交[①],最小者不到 14 岁,最大者不过 18 岁;

安徽,17 岁小伙子为买 iPad2 而卖肾;

网上,90 后女生在微博上留照片留电话,愿以初夜换 iPhone4;

广州,16 岁少女为买 iPad2,辱骂并暴打妈妈,被妈妈失手闷死;

……

这些故事真是可怕。

更为可怕的是,或许,它们很普遍。我最近屡屡听到类似的故事,有朋友说她读高中的儿子追债一样要买 iPhone4s,并且要立即买到,哪怕花两万元,哪怕去香港排长队,而且威胁说不买就不认父母。需要说明的是,该男孩有过 iPhone 一代和二代,也曾想要三代,但那时她明白不能再这样下去了,于是拒绝了他。

---

① 援交,援助交际的简称,是一个源自日语的名词,现今引申为学生卖春。

还有朋友说，他读初一的儿子暴力倾向很严重，稍不如意就会攻击他，常拿菜刀比画，而且真的拿菜刀追他，有一次还一刀砍在门上。

我也在使用苹果公司的产品，它们很是精美，宛如艺术品一样，与其他厂家纯工具性的电子产品很不一样，令我有些着迷。

然而，拿肾换电脑，拿初夜换手机，拿性换奢侈品，以及为此对父母暴力相向……也太恐怖了吧。

这些孩子到底是怎么了？

对此，我在北京的心理医生朋友沈东郁在微博上解释说：

> iPhone、iPad 都是过渡客体，在他们眼中是爱的象征，对物质的追求是对爱的渴望。得不到就意味着丧失爱，就要摧毁剥夺了他们被爱感觉的那个客体。这些孩子的心理发展水平是非常低的，苹果产品在他们心中等同于幼儿睡觉时离不开的泰迪熊，只不过生理年龄决定了他们的力量远大于幼儿。

这一段话精当而到位，就是有不少术语，我解释一下吧。

客体对应的是自体，自体即"我"自己，而客体即与"我"建立关系的其他人乃至万事万物。

对于每个人而言，妈妈都是我们生命中的第一个重要客体，而承载母爱的其他客体即是过渡客体。

一些孩子，常见于幼儿，少年也有，他们会钟爱一个小枕头或小毯子，不让家人洗，脏了臭了都不让，如果家人偷偷洗了，他们会大哭，有时甚至会哭晕。

如果细致回顾，家人会知道，这个小枕头或小毯子，妈妈曾与孩子一起共用过。表达能力强的孩子则说，它们有妈妈的味道。

由此可见，孩子迷恋这些小东西，其实是想抓住母爱的味道。

母爱是什么？

孩子哭，妈妈知道他是饿了，用乳房哺育他。

这一刻，母爱借妈妈的乳房而传递，妈妈的乳房就成了过渡客体。

孩子哭，妈妈知道他渴了，用奶瓶喂他水喝。

这一刻，母爱借奶瓶而传递，奶瓶成了过渡客体。

如此这般的情形无数次地发生，量变引起质变，有一天孩子突然领悟到，母爱并不等同于乳房、奶瓶或其他，母爱是无形无质的。

有了这样的领悟，孩子就会放下对过渡客体的执着，或者说，对有形有质的母爱载体的执着。

也可以说，有了这样的领悟，一个孩子的心就被照亮了，他懂得了灵魂的真实存在。

然而，假若母爱的累积效应不够，这一领悟没有发生，甚至，母爱稀少，就会导致一个结果——孩子对有形有质的母爱载体非常执着。

最初，爱的载体都有照顾与陪伴功能，经典如泰迪熊，这是美国孩子最常见的公仔，毛茸茸的可以让孩子抱着，也可以充当孩子假想的玩伴与聆听者。健康成长的孩子可能会对泰迪熊很有感情，但他们不容易痴迷，而太痴迷于泰迪熊的孩子，都可能是儿时获得的母爱太少。

电影《这个杀手不太冷》中，杀手里昂的"泰迪熊"是那盆植物，后来变成了同样缺乏爱的小女孩。

里昂为那个小女孩而死，可套用沈东郁的另一篇博文《为了得到爱，不惜一切代价！》。

在这一点上，我们都是一样的，正如一首歌的歌名《死了都要爱》。

关键是，为什么而死。

里昂为小女孩而死，有了灵魂层面的味道。为电脑和手机而死，则显得可怜而可憎。

但这些故事其实是一样的。母爱获得太少的孩子，就会执着于母爱载体。既然母亲表达爱的方式是给孩子买东西，而不是陪伴与细腻的关爱，那么孩子就没办法发展到灵魂层面的爱，而是会执着于这些东西。先是很小的需求，一颗糖，一串糖葫芦，一个小玩具，最后则发展成手机、笔记本电脑乃至其他。

最初思考援交少女的事情时，我脑海里跳出一个短句——"没有灵魂，只有交易。"

体悟到无形无质的爱，便会知道，爱是有灵魂的。但若体悟不到这一点，灵魂层面的爱就沦落为需求被满足的层面。满足需求，这总是要交易的，拿我所有的，换我所渴求的。

看不到灵魂的存在，就不知道自己的尊贵。 身体是什么？肾是什么？不知道，体会不到，我只看到我的渴求，一部 iPad2，它闪闪发光，具有无可匹敌的吸引力，啊，有了它，我太心满意足了……

看不到灵魂的存在，我们也不知道事物的尊贵。 iPhone 到手了，有形有质的美妙之物到手了，但那满足感，也就只是到手那一刻，很快，它就消散了。

于是，有了 iPhone 一代，还要渴求二代，有了二代，还渴求更新的……

寓言小说《小王子》中，小王子居住的小小星球上，只有一朵玫瑰花，他以她为傲，以为她是世界上最漂亮的花。但到了地球上，他发现了一个玫瑰花园，那一刻他很失望，原来他的玫瑰花并非独一无二的。但狐狸让他明白，他的那朵玫瑰花的确是独一无二的，因为他驯养了那朵玫瑰花，玫瑰花也驯养了小王子。

驯养是怎么发生的？

每天，小王子要给玫瑰花浇水、捉虫子、遮太阳，还要陪她说话，有时要满足她小小的虚荣心……就是在这些琐细的行为中，小王子驯养了玫瑰花，玫瑰花也驯养了小王子。

本文一开始提到的那些可怜的孩子，他们常常还有一个可怜的命运——被"溺爱"坏了。

其实，并非溺爱，而是缺爱。研究发现，孩子要形成稳定的安全感，需要一个条件——在三岁前，和妈妈生活在一起，没有严重的分离（超过两个星期的分离即为严重），而且与妈妈的关系有很高的质量。

如果深入了解那些被"溺爱"的孩子，你会发现，没有一个能满足这个基本条件。

达不到这个条件，孩子的心就难以发展到能真正体会到无形无质的爱，或者说灵魂层面的爱。

小王子照顾玫瑰花，需要花费时间与精力，或者说，需要用心。

然而，只是给孩子一部 iPad，这未必是有心。

我的一位来访者，她觉得她基本满足了我刚刚所说的条件，但她的一开始如天使一般美丽可爱的女儿，到了四五岁后变成了小恶魔，常常失控，激烈地攻击她和丈夫，主要是攻击她。

她从未和女儿有长时间的分离，也读了很多育儿书，尽可能用书上的办法与女儿相处，但却收获了这样的结果，这令她绝望，甚至觉得生命都没了意义。

仔细地聊下去，我发现了一个最基本的问题——她很少和女儿拥抱。这源自她的童年，她十岁前没和父母一起生活，所以得不到拥抱，最后变成惧怕并抵制拥抱。

后来又发现一个问题，她是将育儿书上的办法当成"任务"来对待的。

如果给孩子喂水就只是一个任务，那么就只有奶瓶这一过渡客体存在，而无形无质的母爱就没有传递。

明白这两点以后，她开始学习用心对待女儿，将一切任务变成与女儿一起的玩耍。譬如洗澡，当只是任务时，女儿会抓狂，但现在她仔细体会碰触女儿的身体，和她一起玩耍，结果女儿会说，妈妈，多玩一会儿，妈妈，什么时候我们还这样玩啊？

这时，洗澡这件事也成了过渡客体。这种有心地在一起，就是彼此驯养的过程。

果不其然，随着这样琐细时刻的累积，女儿的暴力倾向少多了。

沈东郁的说法很科学，而我一个朋友的说法很感性。她说，对妈妈的那种暴力倾向，就像是想撕碎妈妈那层僵硬的壳，看一看是不是有一个活生生的真爱自己的事物存在。

溺爱不是孩子的答案，狼爸虎妈更不是孩子的答案，答案在于心，在于灵魂。

密不透风的"爱"源于自私

孩子长大了，会渴望独立空间，渴望伸展自己的手脚，尝试自己的力量。这是一个生命成长的必然规律。

但是，很多家长意识不到这一点，在他们心中，孩子就是永远不懂事的小孩，永远不知道怎么做事的小孩，他们得时时刻刻为孩子的一切事情操心。于是，孩子哪怕都20岁了，他们还像对待一个两岁的孩子那样对待他。

并且，尽管他们意识到，自己这样做似乎只能令孩子变得越来越糟糕，但他们仍然无法放下自己那密不透风的"爱"的风格。

这是因为，这种爱的背后，其实有一种恐慌：一些家长无法忍受孩子的独立倾向，无法忍受与孩子分离的规律。

武老师：

救救我的儿子吧！

他21岁了，刚上大三，暑假期间，我让他去他舅舅那里打工，那个地方比较偏僻，没有什么娱乐场所，他迷上了网络，整夜整夜地上网，白天工作没精神，他舅舅怎么说他都不起作用。有一次，为了躲舅舅，他甚至步行十里地去另一个网吧上网，舅舅找到他后把他打了一顿。

我听说孩子迷恋上网后心急如焚，于是请假去孩子打工的地方，陪了他一个月，为了让他不上网或少上网，我说尽了一切好话，有一次还跪下来求他，让他不要因为网瘾毁了自己以后的前程。他答应我少上网，我在的时候他也做到了。但我一走，他又开始整夜整夜待在网吧里，他舅舅忍不住又打了他一次。

随后，他与舅舅不辞而别，回到学校里，再也不理会我们。打电话过去，他一听是我的声音就会立即把电话挂掉。他爸爸在电话里骂了他几次后，他连爸爸的电话也不接了，好像我们成了他的敌人似的。

现在，听说他还疯狂地上网，我都快绝望了。我该怎么办呢？

其实，除了上网，他还有很多问题。都上大三了，他还没什么朋友，也没有追过一次女孩，每天都独来独往。再过两年，他就进入社会了，这样怎么能行呢？就这些问题我也想了很多办法，逼他去和同龄人交往，想办法给他创造机会与一些异性交往，但都没有让他有什么改变，他还是那么孤僻。

我该怎么办啊？求你想想办法，救救我的儿子吧！

梁姨

读完这封信，我不由得想起前不久曾在一个关于网瘾的新闻发布会上看到的一位妈妈。

新闻发布会的主办方介绍说，这位妈妈是因为儿子的网瘾问题而来的。但是，私下里与这位妈妈对话才知，她儿子已有半年多没怎么上过网了。听她这么说，我有点犯晕，我问她，那为什么还来参加这个关于网瘾的会议呢？

她回答说，儿子虽然不上网了，但学习动力不够，她为这一点很焦虑，所以希望这次新闻发布会主办方的心理医生能帮儿子提高学习动力。

我再问她，她儿子犯网瘾时是什么状况。她回答说，他每天上两个小时的网，大概持续了几个月，后来就不怎么上了。

"每天上两个小时的网，你认为这是网瘾吗？"我问她。

"现在听了很多关于网瘾的故事后，我知道儿子的状况不算严重，但是每天用两个小时上网，这不是浪费学习时间吗？"她说。

这番对话让我恍然大悟，原来很多家长对"网瘾"是有自己的诊断标准的，即上网只要被他们认为有可能妨碍学习，就是网瘾。

再回到梁姨的信上来。她儿子打工所在地"没有什么娱乐场所"，在这种情况下，一个21岁的男大学生经常出入网吧，是很可以理解的事情。但他的舅舅不这么看，不仅严加管教而且还打了外甥一次。

频频上网与舅舅打21岁的外甥，这两者之间，究竟哪个更不正常呢？

在我看来，显然后者更不正常。

梁姨给我的信很长，里面还有好几处明显比她儿子上网更不正常的地方。

譬如，这男孩的爸爸几次打电话训斥儿子，叫儿子戒除网瘾。但这个爸爸自己却有赌瘾，已经输到严重影响家里的日常生活了。这样的爸爸，却来训斥儿子的网瘾，能起到作用就怪了。

但我觉得这里面最不正常的是妈妈的下跪行为。

这个男孩的"网瘾"，其危害性有那么严重吗？竟然要妈妈下跪求他改变？

我给这位妈妈回了一封信，言辞有些激烈，大概意思是：儿子戒不戒网瘾，是个小问题，他们做父母的，倒应首先反思一下自己的方式。

她的方式,是通过自我牺牲来勒索孩子的服从,我都把自己摆到这么低的位置了,你看看我多么可怜啊,还不顺从,你这个不孝子!

通过自我牺牲,给对方制造愧疚感,然后以此逼迫对方服从,是中国家庭中非常常见的一种策略。

别老挑儿女的错

最近一段时间,我接连收到多封类似的信件,都是妈妈写来的,她们为自己20岁左右的儿女焦虑至极,担心他们朋友少,担心他们不结交异性,担心他们缺乏社会适应能力。

给我的感觉是,这些妈妈都有一双挑剔而锐利的眼睛,专门用来寻找儿女的问题。就和我在网瘾会议上见到的那位妈妈一样,儿子每天上两小时网就断定他有"网瘾问题",儿子不上网了就担心他有"学习问题",如果儿子学习问题也解决了,我估计她就开始担心儿子的"朋友问题",等儿子成年后则开始担心他的"女友问题"……

总之,不管儿女怎么样,做妈妈的都能找到问题。

从意识上看,这些妈妈是担心儿女成长得不够健康,但其实,我想她们担心的是儿女的独立,是儿女与自己必然的分离。

一位妈妈给我的电子邮件里说,儿子16岁了,她不知道儿子是怎么想的,于是不知道该怎么监督儿子健康成长,她对此非常焦虑,问有什么办法可以了解儿子的想法。

我回信说,这个年龄段的孩子,特别希望有独立空间,特别希望自己为自己做主,做父母的只要给儿子设定一个正常的底线——好好学习不做坏事——就可以了,没必要非得知道孩子想什么。

我接着又收到一封电子邮件，是她儿子写来的。他说，前面那封信，是不会用网络的妈妈让他写给我的，原希望我能站在她的角度上，帮她劝导一下儿子，没想到我倒站到了另一个立场上，让她很不舒服。他说，我的回信说中了他的心事，他正是这么希望的，而"妈妈对我的爱太过了，常让我觉得透不过气来"。

这两封信的意思再明显不过了。显然，儿子并不需要妈妈"密不透风的关爱"，这其实是妈妈的需要，她渴望与儿子黏在一起，当儿子越来越大、越来越独立、越来越渴望自己为自己做主时，这位妈妈就感到了极大的分离焦虑。她渴望永远了解儿子的想法，以为那样就感觉不到分离了。

妈妈的这种做法，会给孩子被吞噬的感觉。他们常常被动地满足妈妈的这种不分离的需要，但为了对抗这种被吞噬感，他们会形成一个保护壳。即，他们所有配合妈妈的行为，都是从壳外面生出的，而不是从内心发出的。久而久之，妈妈再也问不出他们内心的话。

置换了焦虑的内容

在我看来，那些永远能发现儿女的"成长问题"并为之深深焦虑的妈妈，其实置换了焦虑的内容。

就是说，她们真正焦虑的，并不是儿女的成长，而是与儿女的分离。她们自己缺乏独立，所以需要那种每时每刻地关爱另一个人的感觉，这种黏在一起的感觉消除了孤独，也消除了我们生命中经常会遇到的无意义感，即空虚。

儿女小的时候，没有强烈的独立意愿。但随着年龄的增长，尤其是进入青春期后，他们开始叛逆，渴望拥有自己的独立空间，并有了主动离开妈妈的意愿。

儿女的这种意愿让这些妈妈感到焦虑，而"了解儿女的想法""发现儿女的问题"则成了她们控制儿女的常用方法。

怎么，难道妈妈想了解儿女的想法，不应该吗？做妈妈的就用这种逻辑控制住了儿女。

"发现儿女的问题"则是更有利的控制方法。儿女再怎么发展，也是不完美的，什么时候都会有"成长的问题"。既然儿女有问题，那么妈妈为此焦虑，并为此投入巨大的精力教育儿女，也是理所应当的了。所以，我们还是要黏到一起。

如果黏到一起能对儿女好，那么这种控制方式也算可以接受的。但事实表明，效果恰恰相反，那些时时刻刻都在为儿女的"成长问题"而焦虑的妈妈，她们的儿女在长大后是最容易出问题的。

为什么呢？因为，这是由进入青春期的孩子的特点所决定的。一般而言，进入十三四岁后，孩子就会进入一个漫长的叛逆期，父母让他们向东，他们偏偏向西。但他们不是非得要与父母过不去，而是渴望展示自己的力量，自己为自己做主，从而最终发展成为一个有独立人格的人。

如果做妈妈的不理会孩子的这一特点，而是用密不透风的爱为孩子的"所有问题"操心，那么孩子常会发展出一种极端的叛逆：我什么都不做了。意思就是：我什么事情你都要操心，我怎么做你都能找到问题，那我干脆什么都不做了。

正是在这种逻辑之下，梁姨 21 岁的儿子才变得特别孤僻。

一个男大学生对我说，无论他做什么事情，耳边好像都能响起妈妈的各种叮嘱，让他烦不胜烦，于是什么都不想做了。

儿女出现"成长问题"，一般都能在父母的身上找到原因。

所以，我在回信中告诉梁姨，她最好先去看心理医生，但首先不是为了孩子，而是为了她自己。假若她改变了自己的"教育"方式，她儿子很有可能会不治而愈。

更重要的是，她要活出自己的生活，让她的能量贯注到自己的生活上。太多中国父母过于关注孩子，一个关键原因是，他们的生命已乏善可陈。

"我的孩子出了问题"这种话不要急着说，因为很可能出问题的是父母自己。 在这里我给妈妈们一些建议：

一、不要渴望彻底了解进入青春期的孩子，只要孩子守住了"好好学习不做坏事"这一底线，就不要总想着去和孩子谈心。

二、不要总把眼睛盯在儿女的"问题"上，青春期的孩子自然会出现许多问题，这是青春期的发展特点所决定的。

三、尊重青春期孩子的叛逆意愿。假若放手让他们自己去发展，给他们充分的独立成长空间，他们的叛逆行为自然会消失大半。

四、反省一下你自己，你是不是特别害怕孩子离开你。

五、丰富你自己的生活。如果你自己的生活不无聊、不空虚，那么你就不会太黏儿女。

六、改善你与丈夫的关系，把你的情感重心从你与儿女的关系转移到你与丈夫的关系上来，让丈夫来填补你的情感空洞。

精神分裂如何发生

对一个人而言,最可怕的是,他最为重要的感受,却被周围人纷纷说,你不应该这样,你应该是相反的样子。

我现在越来越多地发现,内心严重的分裂,甚至精神分裂症,就是这样发生的。

假若一个家庭是极端家长制的,那么故事常这样发生:权力狂(常是父母,偶尔是家中的长子或长女)极力向下施加压力,让别人服从于他。因各种资源掌握在他手中,并且他偏执地追逐这一点,甚至不惜杀人或自杀,于是家庭成员纷纷顺从,最后精神最弱小的,就成了这个权力结构的终端受害者。

终端受害者的精神非常苦闷,他向家人诉说,但因为怕麻烦或恐惧,没有一人支持他。相反,他们都说爱他,并说权力狂的一切疯癫行为都出于爱他。这时,他向外部世界求助。可外部世界的所有人也说,权力狂爱他。他发现他的痛苦没一个人能理解,且所有人都觉得他不该痛苦,他应快乐,并感恩权力狂。

于是，他饱受折磨的灵魂被驱逐到一个角落。假若他将这些痛苦展现到外部世界，那么他所能居住的角落就是"异端""疯子""精神病"世界。这种外部现实也会进入内心，他自己也会驱赶自己的痛苦到内心一个极度被压缩的角落，结果他内心也处于极端分裂中，因这份痛苦，是他生命的最大真相，它不能被忽视。

可以想见，在特别讲孝道的地方，一个孩子最容易成为权力狂家庭的受害者。他被父母伤害，但所有家人都说，父母是爱你的，你不该有痛苦。到了社会上，大家也这么说。去看书，书上也这么说。最后，他只能分裂。

有时是一个学生受了老师的伤害，但学校不给他支持。回到家，父母也说，老师虐待你是教育你。书中也这么说。最后，他也得分裂。

在严重重男轻女的社会，一个女性，也容易有这样的结果。她的痛苦，不能到任何地方诉说，每个人都会用一套奇特的、绕了很多弯的逻辑来告诉她，别人没有错，错在你。譬如印度，被强奸的女性都不能报警，因报警会被警察奚落甚至被警察强奸。最后，她也只能分裂。

我写这些文字，绝非说，所有的精神分裂都源自这种现象，我只是看到，我了解的一些内心分裂甚至精神分裂的人活在这样的一个氛围中。对他们而言，系统性的被迫害妄想是非常真实的。最可怕的就是，无论走到哪里，别人都说，虐待你的人是爱你的。请记住，轻易地说这样的话，就是在制造分裂。

所以，请"看见"痛苦者的痛苦感受，确认他们的痛苦感受是多么真实，不要粗暴地进行评判，更不要朝相反的方向说。你以为，你在让他看到正能量。殊不知，你在继续将他朝分裂的方向推。

精神分析认为，精神分裂症等重型精神疾病的心理因素的源头在于极度糟糕的母婴关系。这也可以理解为，婴儿期的重要感受不能被母亲看到，不能被确认，于是这些感受就成为破碎的裂片，婴儿的自我功能不能包住这些裂片，更谈不上整合。

我为这个题目写过一系列微博，一是因一些个案的累积，另一个重要原因是这一事件：重庆一九岁女孩，没按照父亲要求摘菜，被父亲训斥、反驳，遭父打耳光。但在学校，竟被感恩教育老师教导，在一千人面前向父亲下跪并求原谅。这就在女孩心里制造了巨大分裂。所幸的是，网络上对这种教育一片骂声，但最初报道此事的《重庆商报》仍然称此事很感人。

最后强调一句话：**感受被看到，就是最好的治疗**。

痛苦的童年为神经症"播种"

19岁的张馨性格豪爽,颇有男孩子的胆气,独独怕蚂蚁,从不敢坐在草地上,每到一个地方,她必须先仔细地检查有没有蚂蚁。不过,她可没有胆量检查,必须由朋友先完成这个任务。

24岁的梁雨不敢和人对视,因为"谁都能从我的眼睛里看到一些不对劲"。他也不愿意上街,因为他觉得大街上的人都在议论他。

34岁的方菲和丈夫吵了一架后,瘫在床上不能动弹了,她的腿失去了知觉,但医院怎么都检查不出问题来。后来,一名心理医生给她注射了一针"特效药"——其实是生理盐水,让她的腿重新恢复了知觉。但前不久,在对7岁的儿子发了一场大脾气后,她的胳膊又失去知觉,不能动弹了。

…………

以上案例都是典型的神经症[①]，张馨患的是蚂蚁恐怖症，梁雨患的是对视恐怖症，而方菲患的是癔症。这些形形色色的、难以理解的神经症症状会给患者带来巨大的苦恼，几乎每一名强迫症患者都强烈希望能消除自己这些奇特的症状。

但是，美国心理学家斯考特·派克在他的《心灵地图》一书中宣称："（神经症的）症状本身不是病，而是治疗的开端……它是来自潜意识的信息，目的是唤醒我们展开自我探讨和改变。"

神经症在幼年时播种成熟期发作

神经症又名神经官能症，是最常见的心理疾病，患者有持久的心理冲突，并为此深感痛苦，但其戏剧性的症状常缺乏明显的现实意义，而且没有任何可证实的器质性病变基础。

患者也罢，周围人也罢，很容易关注患者富有戏剧色彩的症状。不过，按照精神分析的观念，虽然患者为神经症的症状痛苦不已，但这其实只是一个象征，问题的核心在于患者的一些创伤体验。只不过，这个创伤体验主要并不是源自此时此地的创伤事件，而是产生于幼年发生的一些创伤事件。

当时，对于严重缺乏人格力量的小孩子来说，这些创伤是"不能承受之重"，如果直面它会遭遇心理死亡或实质死亡。所以，幼小的孩子会发展出一套特定的心理防御机制，扭曲创伤事件的真相，将其变得可以被自己所接受。

[①] 神经症，也称神经官能症，是一组精神障碍的总称，包括神经衰弱、强迫症、焦虑症、恐怖症、躯体形式障碍，等等，患者深感痛苦且妨碍心理功能或社会功能，但没有任何可证实的器质性病理基础。病程大多持续迁延或呈发作性。

从这一点上讲，神经症是一种保护力量，可保护幼小的孩子度过可怕的童年灾难。

同时，当时的创伤体验就会成为一个"脓包"，被压抑到潜意识中"藏"起来。等当事人长大后，再一次遭遇到和童年类似的创伤事件——这几乎是不可避免的，"藏"在潜意识中的"脓包"就会被触动，并最终表现出相对应的神经症。

并且，奇特的是，尽管神经症一般是在五岁前就埋下了"脓包"的种子，但一般都要等到当事人足够大时——譬如青春期或成年才发作。这是什么道理呢？

美国心理学家斯考特·派克认为，这是生命的一个秘密。童年的痛，弱小的我们无法承受，必须扭曲，以保护自己。但当神经症真正展现的那一时刻，我们其实已经长大。这就好比是，戏剧化的神经症症状是在提醒我们，喂，你长大了，有力量了，别逃了，现在是正视童年那个不能承受之痛的时候了。

创伤越早，患病越重

心理疾病从轻到重可以分为三类：神经症，如抑郁症、强迫症、社交焦虑症和广场恐怖症等；人格失调，如表演型人格障碍、自恋型人格障碍、反社会型人格障碍和边缘型人格障碍等；精神病，如精神分裂症、躁狂抑郁症等。

按照精神分析的理论，五岁之前的人生阶段是人格发展的关键阶段，一个人的人格在这一阶段被基本定型，如果儿童在这一阶段遭遇严重创伤，他就会埋下患病的种子。如果以后的人生阶段再一次重复了类似的创伤，他就可能会爆发相应的心理疾病。

一些精神病患者到了成年才发病，但其患病基础一般可追溯到出生后九个月，他在这一阶段没有得到父母的呵护，他们的病情可以用数种方法缓和，但几乎不可能治愈。人格失调的患者被公认是婴儿期得到完善照顾，但从其九个月到两岁时未能得到很好的呵护，因此他们的病情虽然比精神疾患轻微，但仍相当严重而不易治愈。神经官能症患者则被认为是幼儿期受到妥善照顾，直到两岁之后才因故受到忽视。所以一般认为神经官能症情节最轻，也最容易治疗。

案例：大企业副总得了恐艾症

神经症的症状是如此富有戏剧性，以至于神经症患者的人生常常变成一团迷雾。在接下来要讲的这个案例中，我们会非常清楚地看到这种复杂性。

2013年11月，在某心理咨询中心，51岁的卢斌无比焦虑地对咨询师瞿玮说："瞿医生，请你务必再帮帮我，我觉得自己撑不下去了。"

这是卢斌第二次到瞿医生这里寻求治疗了。上一次是三年前的夏天，瞿玮还记得卢斌来到咨询室的情形：这个个子约一米八、帅气、干净、身材匀称、彬彬有礼的中年男人刚坐下来，就以非常急迫的语气说："你一定要救救我，我担心自己得了艾滋病。"

表面上怕染上艾滋病，实际上焦虑不能升职

原来，卢斌是一家企业的副总经理，家庭观念极强的他一直洁身自好。然而，数月前，因为要陪外商，在一名客户的极力怂恿下，卢斌和一名小姐发生了性关系。没过多久，卢斌发现自己的生殖器部位有些不舒服，去医院一检查，发现感染上了尖锐湿疣。经过治疗后，他的身体很快恢复了正常。不过，事情不仅没有结束，反而成了噩梦的开始。一次，卢斌在报纸上偶尔看到一段文字说"性病有可能会变成艾滋病"，心里一下子紧张起来。他一次又一次地去医院检查，每一次结果都证实是阴性，一个又一个的医生对他说，尽管他们不能百分百地保证，但他的尖锐湿疣转换成艾滋病的可能性近乎是零。然而，这一切检验结果都不能化解卢斌的担忧，他的焦虑情绪越来越严重，先是不断做噩梦，接着整夜整夜失眠，最后出现了惊恐发作——恐惧到身体颤抖、出冷汗，甚至有濒临死亡的感觉。一名医生怀疑卢斌是心理因素作祟，于是建议他去看心理门诊。

"你这是恐怖症的一种。恐怖症的内容各式各样，有人怕脸红，有人怕开阔地带，有人怕闭塞空间，有人怕蜘蛛，而你是怕自己患上艾滋病。"心理咨询师瞿玮说。卢斌对艾滋病的恐惧其实只是一种象征，并无现实意义，患者真正担忧的是其他方面的内容。

第一次治疗时，瞿玮先给卢斌开了一些抗焦虑的药物。吃了一周药物后，如期而来的卢斌在咨询中找到了他的真实焦虑：担心落败换届选举。

卢斌回忆说，在恐艾症爆发前，公司启动了换届选举程序，他和另一名女副总是最强有力的竞争对手。一开始，卢斌自信爆棚，他认为自己的业务能力明显高于对手，当然应该是总经理的不二人选。但是，随着选举的进行，他逐渐发现，相对于有点清高的自己，善于搞人际关系的女副总得到了更多的支持，优势日益明显。就在这个时候，卢斌看到了"性病有可能会变成艾滋病"这段文字，"恐艾症"随即爆发。

在治疗中，瞿玮帮助卢斌明白，他对艾滋病的恐惧其实是由换届选举引发的焦虑的"置换"。也就是说，对艾滋病的焦虑是一种"幻象"，只具有象征意义，对换届选举的担忧才是真实的。因为不能很好地面对换届选举带来的焦虑情绪，他于是玩了一个"偷梁换柱"的游戏，把选举焦虑变成了"恐艾症"。只不过,这种游戏是他的潜意识在起作用,卢斌自己并不明白。

卢斌接受了瞿玮的心理分析。接下来,瞿玮给卢斌开了抗焦虑药,并结合认知行为模式的心理治疗,主要是通过与瞿玮辩论,让他领悟到自己症状的荒谬性,最终彻底化解了卢斌对艾滋病的恐惧,这前后大约花了一年半的时间。治疗的效果不止于此。在公司换届选举中,和预期的一样,卢斌果真败给了那位女副总。不过,卢斌现在没有了不服气的情绪。相反,他看到了女对手的优秀之处,开始由衷地欣赏她的为人处事能力和领导才能,两人的关系反而改善了很多,这一时成了公司内的美谈。

女儿再次诱发他的焦虑症

2013年11月,时隔三年,卢斌再一次出现在瞿玮面前,他的问题依然是焦虑,但其内容换成了对女儿卢迪的担忧。当年9月卢迪以优异的成绩考进北京一所重点大学,就读工程类专业。学校和专业都是卢斌替女儿选的,认为这会保证女儿毕业后找个好工作。卢迪非常崇拜爸爸,当时没有提出任何异议。

但是,进入这所学校不久,卢迪就发现自己根本就不喜欢工程类专业,她一次次地给爸爸打电话,哭着要转专业:"班里的男生都这么刻板,专业也没劲极了。爸爸,你一定要想办法,帮我换专业。我受不了了,我觉得自己要崩溃了。"

卢斌怀疑女儿和自己一样,患上了某种焦虑症,于是建议女儿到瞿玮这里做一下心理咨询。不过,瞿玮最后诊断,卢迪并没有患上焦虑症。因为,作为神经症的一种,焦虑症病人所焦虑内容是缺乏现实意义的,但卢迪的焦虑非常具有现实意义:她不喜欢所学的这个专业。并且,具有现实意义的焦虑是好的,因为这种焦虑是一种力量,会推动我们去改变自己的处境。

被压抑的愤怒变成了焦虑

卢斌第一次来看心理医生,真正的诱因是与公司女副总的竞争;第二次来看心理医生,直接的诱因是对女儿的担心。这两个一致的信息中,透露了卢斌潜意识里的秘密:重要的女性,触动了他"藏"在潜意识中的一个"脓包"。这个"脓包"是什么呢?这要回到卢斌的童年。

卢斌出身于一个知识分子家庭,他有一个弟弟和妹妹,分别小他三岁和四岁。本来他的童年一直很幸福。但他五岁的时候,爸爸患了严重的肺病,多年卧床不起。在卢斌的记忆中,从此以后,"妈妈就总是很疲惫的样子,她首先得照顾好爸爸,其次要照顾好妹妹和弟弟,而我总是被忽略的一个"。不过,卢斌很懂事,他知道妈妈的担子不轻,所以作为长子的他不仅没有半句怨言,反而主动扮演起了半个爸爸的角色,替妈妈分担了很多家务,也很懂得照顾弟弟妹妹,"妹妹很听话,弟弟很调皮,我经常头疼怎么管教他"。

这仿佛是这个家处理家庭危机最自然不过的方式。但是,让一个五六岁的小孩子承受半个爸爸的角色,实在超过了他的承受能力。

心理咨询师瞿玮的督导医生、德国专家罗斯霍普特说,让一个小孩子过早地承担这样的压力,他势必会心有怨言,有愤怒,有攻击性,"为什么总是忽略我?为什么非要让我承担这么重的压力?"而家里唯一健康的大人——妈妈,是他最可能选择的对象。然而,可能他看到妈妈的压力更重,也可能这个家庭不能接受对父母的攻击。所以,这个"小大人"就只好把自己的愤怒压抑下去。这是一个恶性循环,这个"小大人"承受的压力越大,在他心中产生的攻击性就越多。但是，这些攻击性，他在家中根本没有机会表达，只能压抑到潜意识中去。并且，可以料想的是，以后他在对女性的攻击性表达上也会出现问题。这样一来，他的愤怒只会越攒越多。当然，最重要的愤怒情绪还是在童年攒下的，尤其是对妈妈的愤怒。

但是，愤怒情绪必须找到一个出口，在实在无法忍受时可以适当地宣泄一下。卢斌也有这样一个出口，那就是把愤怒当作焦虑来表达。前面提到，"这个'小大人'承受的压力越大，在他心中产生的攻击性就越多"，压力也即焦虑，由此，提早负担家中太多责任的"小大人"们就会形成一个心理公式"焦虑＝愤怒"。也就是说，当这些"小大人"潜意识中积攒了太多的愤怒时，他们表达出来的反而是焦虑。

这正是卢斌的情形。当和公司女副总发生冲突时，卢斌就像童年时面对妈妈一样，无法对这名女副总表达愤怒。所以，当相互竞争产生的敌意越攒越多时，这种敌意就唤起了他自童年起就埋藏的众多潜意识里的愤怒。这么多的愤怒必须表达一下，只不过是以扭曲的方式——即神经症的方式，把愤怒表达成了焦虑。这是卢斌将选举中产生的愤怒情绪置换为"恐艾"这种奇幻的神经症行为的原因。

他女儿要换专业的情形也有些类似。从工科类专业换到理科类专业，是他女儿自己就可以搞定的事情。但是，女儿一定要从工科类专业换到文科类去，这就要卢斌付出额外的努力。和正常的父亲一样，卢斌势必也会对女儿的有点过分的要求产生愤怒情绪。但是，他的心理机制注定不允许他表达愤怒，所以他只能再一次以焦虑的方式表达出来。潜意识里的那个源自童年的"脓包"，最容易被那些与童年创伤类似的创伤所激发，公司女副总是卢斌工作中的重要人物，与她的竞争触动了他的"脓包"。女儿是卢斌生活中的重要人物，她的过分要求也触动了他的"脓包"。

应哀悼过去而非倾倒愤怒

不过,随着治疗的进行,卢斌也越来越有力量进行愤怒的表达。有一次,在和妻子吵架的时候——这在他的家庭中很罕见,卢斌终于表达出了愤怒。

他对妻子说:"我很焦虑,我觉得活不下去了。"

"那你就去死吧!"妻子回答说。

"我就是不死,你让我死,我偏不!你……"卢斌勃然大怒,和妻子狠狠吵了一架。

事后,卢斌对心理咨询师瞿玮说,这次吵架让他感觉到"前所未有的舒畅"。不过,以这种方式去宣泄潜意识中积攒的愤怒,合理吗?答案是:NO!

因为,尽管妻子的回答不对,但卢斌的愤怒,与其说是此时此地对妻子的攻击,不如说是源自潜意识的攻击,他是将自童年以来积攒的愤怒一股脑倾倒到妻子头上了。这种倾倒,并无太多意义。因为,童年的不幸已不可更改了。这就导致,卢斌无论如何宣泄自己的愤怒,无论怎么表达潜意识里的难过——"为什么给我那么大压力,为什么唯独我这么痛苦",他都无法改变童年发生过的事实。

所以,最应该做的,德国专家罗斯霍普特说,是应该进行一次"哀悼"。即咨询师先让患者在咨询室环境下充分地选择一下潜意识里的攻击性,然后承认自己童年的不幸,接受这个事实,最后和这个悲剧说一声再见,就像是哀悼自己一个逝去的亲人那样。那样一来,卢斌的愤怒情绪就会得以宣泄,潜意识里那个"脓包"就会消失大半,而且"焦虑=愤怒"这种神经症式的心理公式也会被改变。

不过,必须澄清的一点是,这个心理分析并不是在说卢斌的妈妈应被谴责。生活首先毒害了卢斌的爸爸,接着又毒害了卢斌的妈妈,他们都很不幸。这种情况下,卢斌去承担部分的不幸,是正常的。生活对于卢斌的爸爸是不公正的，对于妈妈也是不公正的，对于卢斌就更是不公正了。而卢斌的神经症就是对这个不公正的接受，他像是一个容器，接受了疾病给这个家庭中的部分"心病"，最终以自己得了神经症的方式表现了出来。这种神经症，可以说是一种"善"。一旦卢斌的神经症最终被治好，他会明白，这个给了他巨大痛苦的神经症也塑造了他的优点。

青少年太听话不是好事

你是否还记得你那青涩的青春期？那个时期，你经常被莫名的忧伤所缠绕？现在，你的孩子到了青春期。看着他们，你却在想，他们是何等无忧无虑，他们是何等快乐！

其实，他们的青春期，和你的青春期一样，充满着莫名的忧伤。

这种忧伤，是青春期的特点决定的，这种莫名忧伤，是必然的代价，也是上帝给成长着的我们的一个青涩的礼物，只是我们希望这代价不要太大。

2011年11月6日四川省平昌县某中学三名学生在该县森林公园里喝农药自杀，经医院抢救，12岁女生张某和丁某死亡，14岁男生获救。这样的事情令人痛惜，却并非偶然。据统计，只2013年上半年上海地区有31名学生非正常死亡，其中就有6名学生是自杀身亡。中学生自杀的原因大多是学业压力、家庭矛盾、情感纠纷等问题。

一个朋友给我打电话，说她看了这些报道后，赶紧回家和女儿谈了一番话。结果，她吃惊地发现，十几岁的女儿有很多"愁"。

"本来，我以为她这个年龄是无忧无虑、整天傻开心的年龄，但没想到她会有那么多的愁！"她说。显然，她忘记了，当她也是这个年纪的时候，其实也有很多愁。

抑郁源于丧失

忧愁，而且是莫名的忧愁，是青春期的一个典型特征。因为，青春期处于一个不断"丧失"的阶段。

咨询师胡慎之说，抑郁情绪均来自"丧失"，我们心理世界的任何一部分重要内容的丧失，都会引发或轻或重的抑郁情绪。

譬如，被老板辞退、失恋、离婚、因意外而残疾和重要的亲人去世都是严重的心理内容的丧失。遭遇到这些严重心理丧失的人，必然会产生抑郁情绪。善于处理的人，通过向别人倾诉、宣泄、自我调整等方式，将这些抑郁情绪化解出去了；不善于处理的人，将抑郁闷在心里，闷得多了，就发展成了抑郁症。

改变也会带来抑郁。因为，改变意味着辞旧迎新，旧的心理内容被我们放弃了，新的心理内容诞生。不管新的内容会给我们带来什么样的积极情绪，丢失的那部分旧的心理内容仍然会让我们抑郁。

正是因为这一点，正常人在分手、离婚并建立新的亲密关系时，主动的分手者和被动的分手者一样会产生或多或少的抑郁情绪，无论新的关系、新的生活多么美好，这种抑郁都不会消失。

消失不会发生，发生的是平衡和抵消。

也就是说，当改变发生时，迎来的新的心理内容产生了好的情绪，辞去的旧的心理内容产生了不好的抑郁情绪。如果好的情绪多于不好的抑郁情绪，那么这个人整体上就会处于快乐状态。

相反，如果不好的抑郁情绪远远多于好的情绪，那么这个人就可能会陷入较严重的抑郁状态。这是青春期抑郁症的核心因素。

青春期必然叛逆

青春期的孩子有一对矛盾的心理冲突：脱离对父母等亲人的心理依赖，走向独立的自己。前者意味着丧失，是辞旧；后者意味着获得，是迎新。在这对矛盾当中，如果后者占据了主要地位，那么尽管不断地有莫名的忧伤袭来，我们仍然会感觉到自己的生命整体上是积极的、阳光的。相反，如果前者占据了主要地位，抑郁情绪就会成为我们的主导情绪。但问题是，我们的文化中，不鼓励孩子的独立性。

"我们的文化，喜欢好孩子，"胡慎之说，"经典的好孩子，在家里听父母的话，依赖父母，在学校听老师的话，依赖老师。这样一来，这个孩子的独立空间就会受到挤压，他会觉得不是为自己而活，于是就缺乏动力。他可能会出色地完成老师和家长交给他的任务，但却表现得比较麻木，对很多事情都缺乏欲望和追求，这也是抑郁的一种体现。"

我平均每天会收到十多封信，而这些信中有三分之一是中学生写来的，其中说得最多的是"为了（担心）父母……"，而相当地缺乏"我想（要）……"这样的句式，比较典型的句式是"如果不是为了（担心）父母，我早不上学了"。

对此，我的理解是，他们觉得，人生不是自己的，而是父母的，他们是在为父母而活，他们学习、生活的动力来自父母的压力。

如果他们是"坏孩子"，他们就会走上叛逆之路，不理会父母的压力，甚至和父母对着干，父母让他们向东，他们非向西。这种"叛逆"，其实是青少年在争取自己的独立空间，试图成为他自己。

"好孩子"易有两个恶果

这样看来，好孩子似乎比坏孩子更可取。

但其实，从十二三岁开始，一直到青春期的基本结束，是我们生命中的第二个"叛逆期"（第一个是 1.5~3 岁）。正常情况下，每个青春期的孩子都会表现出较强烈的叛逆来，不听父母的话，什么事都要自己来。他们这样做，只是为了完成必须完成的任务：脱离对父母及重要亲人的依赖，走向独立的自己。以正常的速度走完这个叛逆期之后，在 18 岁左右形成一个完整的"自我"，他们开始约略知道，自己是一个什么样的人，而这也意味着他们终于基本成为一个成年人了。有了这个"自我"，他们就会有较强烈的欲望，明白自己想要什么不想要什么，从而不需要监督也能有很强的动机去追求一些人生目标。

然而，那些过于好的"好孩子"，他们的父母控制欲望太强，一直让孩子按照他们的安排来学习和生活，而根本没有给孩子独立的空间，甚至严格抑制孩子的"叛逆"。这样的话，这些好孩子的青春期就没有一个正常的"叛逆期"。这会造成两个恶果。

一、叛逆期推迟。

广州某外企 31 岁的经理李祥，就是典型的叛逆期推迟。他到了大学才出现了强烈的叛逆心，故意和父母、老师对着干，故意不认真学习。我知道的另一个经典案例是，一位男士，到了 36 岁才开始他的叛逆期。他离了婚，因为婚姻是父母安排的。他辞去工作，因为工作是父母安排的。最后，他很理智地对父母说："我已经 36 岁了，这之前的前半生，我完全是为你们活着，什么都听你们的，但后半生，我想为自己而活，我要按照自己的意愿去做事，请你们理解我，不要再控制我。"

二、缺乏生命力。

太好的"好孩子"，会有一种通病：缺乏激情。因为，他们努力学习也罢，努力工作也罢，都不是发自内心，而是为了满足父母及家人的期待。这种刻意的努力，是一种强迫性的努力。父母要督促他们，他们也要经常督促自己，才能继续努力下去。但是，他们仿佛对努力来的结果，譬如好成绩等奖赏没有什么热情，他们的口头禅是"没所谓"，仿佛什么都可以失去，什么事情都不能让他们兴奋。

阿琼在遗书的一开始写道："我不快乐，一直以来也不快乐，我似乎觉得缺了点什么，但我说不出是什么，那使我不安和痛苦。"

我的理解是，她的"缺了点什么"，可能缺的就是生命激情。她在家很听话，在学校和同学的关系很好，她哥哥说她"什么事都能自己搞定"。这看上去很好，很容易让家人以她为傲。但同时，她对什么都不在乎，也没什么兴趣和爱好，一直都有点冷冷的样子。这种感觉积攒下来，最终让她对活着彻底失去了欲望和动力。

为了防止青春期的孩子陷入抑郁症，胡慎之建议父母需要懂得以下几点：

第一，理解孩子的叛逆心理，懂得一定程度的叛逆心理是非常正常的，是孩子走向成长和独立的必然阶段。

如果父母尊重孩子的独立，那么这种叛逆心理就会减轻。如果父母不尊重，那么这种叛逆心理反而容易变得更强。

第二，给孩子充分的独立空间。

在正常情况下，不必太想"知道孩子在做什么"。青春期是一个心理变化非常剧烈的阶段，因为他什么都想尝试，今天是这种心理状态，明天可能就变成另一种样子了，做父母的不必太为孩子偶然出现的异常行为而焦虑。

第三，青春期之前，一般说来，父母是孩子心中无所不能的"神"，孩子们普遍对父母有一定的崇拜心理，这种心理让他们依赖父母。

但进入青春期后，这种崇拜心理一般会消失大半，孩子们会重新崇拜新的偶像，譬如明星人物、政治家、科学家等。这种心理的转变，会让孩子们变得不再对父母言听计从，父母对孩子的影响力大大下降，父母应做好这种思想准备，明白孩子这种心理转变背后的积极意义。

第四，不要对孩子偶尔出现的强烈叛逆行为，譬如离家出走、早恋等大动干戈，要理解这种行为背后的心理，适当反思是不是对孩子控制得太厉害了。一般说来，强烈的叛逆行为是对父母强烈控制欲望的一种反击，如果父母对孩子的控制适当变弱，孩子们的叛逆程度也会自然而然地下降。

第五，孩子进入青春期后，不要再把"乖""很听话"还当作优点来看。相反，做父母的应该感觉到焦虑和担忧，并适当地调整自己的教育方法，把孩子推向独立的世界，减少他的依赖心理。

第六，谨防孩子陷入严重的抑郁状态。

胡慎之说，如果孩子比较叛逆，你起码不用担心他会想到自杀，因为叛逆的孩子一般会有较强的生命力。相反，如果孩子非常听话，那父母倒是应该有所担忧。**抑郁症的一个重要源头，是本来向外的愤怒不能表达，转而指向自己**。叛逆的孩子容易向外表达愤怒，而好孩子则容易将愤怒憋在心里，最终攻击自己。

评定孩子是否陷入抑郁症的标准可以概括为"三少"，即话少、行动少、情绪少。像阿琼，在家中很少说话，暑假很少出门，情绪一直很低落，已经明显符合抑郁症的诊断标准了。

最后，胡慎之强调，青春期的心理，即便对专业人士而言也是一个巨大的难题。他的一个德国老师曾说，当处理青春期孩子的心理问题时，能有20%的成功率就很不错了。

看上去，这是一个悲观的数字。但另一方面也意味着，专家、家长和老师都难以做到用一套严格科学的控制手法让青春期的孩子健康成长，应该让他们独立成长，让他们自己去体味生命的酸甜苦辣，并最终成为他自己。

为什么要听话？

北京教委2013年出台新规定，禁止学校和老师给小学生布置作业。本是好事，但却引出了很多家长的焦虑。多家媒体报道说，没有作业了，很多家长焦虑得不行，他们不知道，除了学习，还能和孩子谈什么。如果没有作业，孩子的时间怎么打发。不用来学习，孩子不会学坏吗？

有作业好，还是没有作业好？这是一个问题，但更根本的问题是，我们的家长们和孩子能不能构建深刻的情感链接。

每个人都孤独，而打破孤独的唯一答案是，能与其他人或其他事物构建真切的链接。

感情链接，是最真切的链接之一。但中国人羞于谈感情——其实是内心对爱绝望，结果是，父母不能与孩子进行流畅的情感交流，而只能进行语言层面的交流。

语言层面的交流即思维层面，也即头脑层面的交流。身、心与脑三者中，头脑层面的交流最靠不住。《圣经》中写道，人类齐心协力想造一个通天塔，上帝为破坏他们的努力，教他们学会说话，但学会说话后，他们便起了争执，通天塔就修不下去了。这个故事的寓意是，没有语言，人能通心，从而可以建立真正的链接，于是齐心协力；但有了语言，就隔断了心，人们都以为自己的语言是正确的，因而起了争执。

简单来说，执着于头脑层面的链接，其结果是，你要符合我头脑的想象，你要和我语言要求你的一模一样。

中国父母夸孩子时，基本都会用到这个词——听话。究其原因，是因为不强调感情的中国人，既缺乏心灵层面的链接能力，也不习惯身体的碰触，而只是追求干巴巴的语言链接。

父母的力量远强过孩子，于是语言层面的链接，很容易就成为父母发出语言的指令，而孩子要遵从父母的语言。这就是听话。

然而，若有情感方面的链接，我们就会觉得，听话不重要，因为不管你是否听话，我都能感觉到和你在一起，我知道你爱我我爱你就可以了，你走你自己的路，我祝福你。无论你走到哪里，我都感觉到你在我心中。

孩子有问题，大人先自省

武老师：

你好！请你帮帮我！

我很担心我的儿子变坏。他今年14岁，在四川老家，正上初二。他两岁之后，我和丈夫一直在外面打工，他跟爷爷奶奶长大。

他爷爷奶奶说，孩子现在问题很大，不仅抽烟喝酒，还通宵打牌和上网。他的老师也说，我儿子除了学习成绩好外，其他方面都令人头疼。他不听话，在班里又是孩子头，虽然不是班干部，但比班干部都更有威信。

更糟糕的是，最近一次我给他打电话，他居然说，爷爷奶奶太烦了，烦得他有时都动了杀心。正好前一段时间，我们看到《广州日报》上那个弑父大学生的新闻，所以担心得不得了。

我该怎么办才好呢？我宁愿他学习糟糕但道德好，也不愿他学习好但道德糟糕。

一位焦虑的妈妈：张琳

教育孩子的一个原则是，不要只紧盯着孩子的问题，而是要寻找并理解问题背后的原因。

不过，在通过电话采访张琳的时候，我感觉她明显违背了这个原则，她为儿子的问题而焦虑，却没有去关注问题背后的原因。

我问张琳："你觉得儿子抽烟喝酒打牌和上网这些行为很糟糕吗？"

"是很糟糕，我很担心。"她说。

"你很希望他改掉这些行为？"我问。

"是的，我对他说过，他应该把精力放到学习上去。"她说。但是，她儿子在年级已经名列前茅了，而且成绩一贯还非常稳定。这种情况下，她如果对儿子说，希望你放弃那些行为，把精力投入到学习上去，显然不会有说服力。

我继续问她，是否想过，她儿子已进入青春期了，而青春期的孩子会比以前有一个非常大的改变。她回答说，她知道儿子进入青春期了，但不明白我说的改变是什么。

"叛逆！"我回答说。

接下来，我向她解释，叛逆是青春期最大的特点。不过，进入青春期的孩子之所以叛逆，并非一定要和父母对着干，而是为了尝试自己的力量，试着为自己的事情做主。他们不愿意继续做"乖孩子"，如果父母没有意识到这一点，仍然频频向孩子发号施令，期望孩子按照他们设计的"正确路线"发展，那么孩子会用叛逆行为来向父母说"不"。"叛逆期的孩子仿佛故意和父母过不去，他们这样做，主要是为了给自己争取独立空间。"我对她说，"如果父母尊重他们，一开始就给了他们独立的空间，那么他们的叛逆行为会大大减少。"

抽烟喝酒是最典型、最常见的叛逆行为，当孩子出现这些行为时，做父母的不要急着去谴责孩子，甚至强迫孩子改变，因为那常常会激发孩子更强烈的叛逆心，从而更频繁地抽烟喝酒。相反，做父母的应该反省一下，是不是自己对孩子的干涉太多了，或者自己对孩子的某些教育方式不对。

言行不重要，重要的是感受

听我说了这些道理后，张琳想了想，给儿子的叛逆行为找了一个答案：爷爷奶奶太唠叨了。

她说，暑假期间，她接儿子到广州待了一个多月。临走的时候，孩子求爸爸妈妈让他留下来，因为爷爷奶奶整天对着他唠叨，让他烦透了。

"我们劝他说，爷爷奶奶唠叨也是为了你好，你要听话。"张琳说，"当时他立即就沉默了下来，一声不吭了。"

"他当然要沉默，因为他觉得，你们根本不理解他，他说什么都是白说，那就不如不说。"我向她解释，"他会觉得，好孤独啊，为什么所有的亲人都不能理解他的痛苦呢？"

这是父母与孩子之间最典型的错误的沟通方式。孩子不仅是在描述"爷爷奶奶整天对着他唠叨"这件事情，更是在表达他"烦透了"的感受，但做父母的只对这件事情给予了回应，却根本没有考虑孩子的感受。

既然正常表达发挥不了作用，那么孩子只好用惊人的语言来表达不满，这就是他告诉父母说对爷爷奶奶"动了杀心"的原因。其实，他使用这种语言，只是为了让父母明白，爷爷奶奶的唠叨让他多么难受，他多么想摆脱。

儿子的这种惊人之语吓坏了张琳，但她仍然没有考虑儿子的感受，而是立即给儿子贴了一个标签：道德糟糕。她儿子当然会感受到妈妈的这种评判，从而会觉得更加孤独，更加得不到理解，于是也会变得更叛逆。

听完我的分析，张琳沉默了一会儿，然后若有所思地说："的确，我没有考虑过儿子的感受……我现在明白了,那我是不是要立即把儿子接过来,不让他继续跟着爷爷奶奶?"

"不要急着做决定,"我强调说,"更重要的是先理解你儿子的感受。他觉得爷爷奶奶太唠叨了,如果唠叨这一点改变了,他也会相应放弃这个要求。"

家长应该先学会聆听

很多时候,我们向别人倒苦水时,其实只是想找个人说说话,并不是去寻求那个人的帮助。如果那个人只是倾听,并表达出对我们的理解,这就够了。但假如那个人连珠炮似的给我们提出一系列建议,那么不管那些建议多么好,我们都会觉得孤独,甚至还有受伤害的感觉,于是不想再继续这个话题。

孩子们也一样。这时,你不要和他们一样也变成孩子,和他们一起急。相反,做父母的应该静下心来,耐心地和孩子沟通,先理解他们的感受,然后再和他们一起决定该怎么做。

也在这两天,一个亲戚给我打电话说,她正上初二的儿子拒绝上学,家长怎么也劝不动。最后,她百般逼问,儿子才告诉她,他英语成绩很差,英语老师又脾气火暴,经常当着全班人的面训他,让他觉得很没面子,所以不想去上学。因为这点理由就不想去上学?她觉得啼笑皆非,但她已没有办法再说服儿子了,于是打电话给我。

"你有没有对儿子说,老师训你是为了你好?"我问她。

"说过,我知道老师这样做是为了我儿子好。"她说。

这就是问题的来源了。她这样说中规中矩,看上去很符合道理,但这势必会让她儿子觉得不被理解,于是变得更固执。

这种说法是我们的习惯，但却是对孩子的严重不尊重。如果撇开习俗，只看问题本身，那么在这件事情上，显然是老师不对，他自以为可以用当众训斥的方法给这个孩子施加压力，从而逼他努力学习，但实际上他这种做法只会严重伤害孩子的自尊心，最终让他产生强烈的厌学情绪。

最后，由我给她儿子打了一个不到十分钟的电话，让他先说了一遍老师是如何训斥他的。然后，我对他说，你英语不好，这是你的问题，但他发脾气，那是他的问题。仅就发脾气这件事上，并不是你不对，而是他不对，你不必因此而自责……

我说完了这番话后，他很快就对我说："我知道了，我去上学。"

成熟的父母先了解孩子的感受

表面上这个孩子不想上学，但实际上，他只是觉得自己受到了羞辱。假如家长理解他的这种感受，并帮他分辨真正的是非，而不是发表"大人永远是为了你好"这种言论，那么当他感受到自己被理解时，自然而然地就会放弃自己那些极端的行为。相反，如果家长不考虑孩子的情绪，而是把焦点集中在孩子的不理智行为上，就难以做通孩子的思想工作，甚至会促使孩子变得越来越极端。

很多孩子没有学会直接表达感受，尤其在青春期，他们什么事情都想自己搞定。但遇到了解决不了的麻烦，怎么办？他们通常的办法是，做一些有点过分的事情，用这种方式告诉大人自己遇到了一些麻烦。

美国家庭治疗大师萨提亚[1]说:"当孩子确实有错误需要纠正时,充满慈爱的父母通常会采取很坦诚的办法,询问原因,倾听孩子的心声,给予关爱和理解,同时体会孩子的感受。最后,利用恰当的时机,在孩子自然地想倾听时才给他们讲道理。"

换句话说,**成熟的父母不会在第一时间去处理孩子的问题,他们会先处理孩子的感受**。假如父母能做到这一点,那么孩子就不会做过分的举动,而张琳的儿子自然也不会再拿"动了杀心"相威胁。

---

[1] 维吉尼亚·萨提亚(Virginia Satir,1916~1988),美国心理治疗师,亦是家族治疗的先驱。

CHAPTER 3

别把焦虑转嫁给孩子

别把焦虑转嫁给孩子

"为了父母,我必须考上一流的大学。"

"如果不是为了父母,我早不读书了。"

"妈妈快把我逼疯了,她整天唠叨,什么谁家的孩子考上了哪所重点大学,什么你怎么学习成绩总不见起色,什么这次考试又因为马虎丢分了吧……我现在对学习厌倦透顶,一上课脑子里就回响着她的唠叨,根本学不下去。"

"爸爸是个工程师,他从不打我骂我,但我特别怕他。只要我的成绩不进步,他一看我就拉下脸来,整天整天不理我。光考高分不行,我必须有进步他才高兴,才会夸我奖励我。明年就要中考了,我担心极了,要是考砸了怎么办?天啊,我一想到爸爸的反应,就觉得自己快要崩溃了。"

…………

迄今为止,我收到了数千封中学生的信,很多孩子提到了父母给的压力,上面几段话是最平常不过的片段了,还有多封信提到这样的话:

"怎么努力都达不到父母的期望,我累极了,真想哪一天离开这个世界。"

对此,广州某中学一名不愿意透露姓名的高三班主任解释说,父母比孩子对学习更着急,是再平常不过的现象了。就她看来,父母们造成的压力一点也不比应试教育低。一直从事中小学教师培训工作的知名心理学家徐浩渊博士说,父母的压力远超过教师,是孩子们学习压力的主要来源。

为什么父母们给孩子制造了这么大的压力?

徐浩渊博士说,最简单的解释是,父母将自己的焦虑转嫁给了孩子。父母,尤其是妈妈,**他们自己的成长停滞下来,对自己能否适应社会产生了巨大的焦虑,但他们不是通过自己的成长去解决问题,而是将希望更多地寄托在孩子身上,结果让孩子承受了双倍的压力。**

"家长希望孩子好,但常不知道该怎么做,"徐浩渊博士说,"最常见的是,他们不考虑孩子的心理需求,而是从自己的心理需求出发,为孩子设计人生。结果,他们出于爱心教育孩子,最后却发展出束缚孩子成长的非爱行为。"

"请举一个例子,好吗?"我问道。

听到这个最简单不过的问话,50多岁的徐博士突然哽咽起来,她忍着泪花讲了一个"每次必然让她流泪的真实故事":

小学生小刚突然跳楼自杀。他留下遗书对爸爸妈妈说,他觉得无论怎么努力都达不到他们的期望,累极了。爸爸妈妈常说,他们对他很失望,他不想让爸爸妈妈再失望,所以想到了死。自杀前,他砸碎了自己的储钱罐,把攒了几年的零花钱留给了爸爸妈妈。他说,他走了,爸爸妈妈不需要那么辛苦了,如果他留下的钱不够,爸爸妈妈可以加些钱,"坐坐火车,坐坐轮船,你们去玩一玩吧……不要再那么辛苦了。"

回忆到这里,徐博士的泪水忍不住流下来。她说,小刚那么爱父母,他对父母"坐坐火车,坐坐轮船,你们去玩一玩吧……不要再那么辛苦了"的期望,其实是他自己最大的向往。他认为这是最好的事情,自己实现不了了,但希望自己最爱的父母去实现。

小刚的心理机制是投射,他最希望做一件事情,但自己得不到,就希望最爱的父母得到。他是将自己的愿望投射到了父母的身上。其实,父母对孩子的期望很多情况下也是投射,他们有种种心理需求,但不是通过自己的努力去实现,而是期望孩子能去实现。孩子是最爱的人,孩子实现了,就像是自己也实现了。

"这种心理是'孩子不急父母急'的根本原因。"徐博士说,"父母们自己的心理需求得不到满足,却把由此带来的心理压力转嫁给了孩子。"

转嫁(一):有劲儿全往孩子身上使,"全陪妈妈"逼儿子成少白头

董太太的女儿蓉蓉上高二了,现在什么家务活都不干。这倒不是董太太刻意惯出来的。一开始,董太太还要求蓉蓉做点家务,但蓉蓉只要一拖,做妈妈的就会忍不住自己动手了。譬如,看着女儿的脏衣服堆在家里,如果不去洗,董太太会觉得心烦意乱。只有洗了,心里才会痛快一点。表面的原因是,这符合自己的卫生习惯。但另一个重要的原因是,她这样做给女儿节省了时间去学习。

尽一切可能节省女儿时间让她去学习,这成了董太太的原始心理需求。为什么会这样呢?因为在潜意识中,她对社会的变迁感到焦虑,觉得自己适应不了目前激烈的竞争。但是,她又没有勇气去提高自己,于是就暗暗希望女儿能考上名牌大学,在社会竞争中"占据制高点",自己也因此产生了成就感。

所以，她有劲儿就往女儿身上使，而不是往自己身上使。

这种心理转嫁机制在妈妈的身上比较常见。不过，董太太的做法是很普通的，有一些妈妈的做法比较极端。

譬如，"中学语文教学资源网"一篇名为《如此"培优"令人心疼》的文章讲到了一种怪现象：在武汉，一些妈妈把业余时间全部拿来陪孩子上各种各样的"培优班"，除了工作外，她们时刻陪伴在孩子身边，不让孩子有一刻空闲，必须拿出全部精力去增强自己的竞争能力。这篇文章是一个爸爸写的，他写道：

儿子从小学三年级就开始被他妈妈逼着"培优"，从没过过周末。六年来，妻子把他送进的"培优班"不下30个。儿子自嘲是见不到阳光的人，早晨6时走，晚上11时休息。经常晚上八九时就听不到他的声音了，一看，他斜靠在床上，流着口水睡得正香，手里的书掉在了地上。让人心疼！

儿子五年级时长出几根白发，当时我没在意。上初中后，儿子白发越来越多，现在看起来像个小老头……我们担心孩子有病，带儿子看了好多医院，看了西医又看中医，医生的结论是孩子精神压力过大。按医嘱买回核桃、黑芝麻给儿子吃，可儿子的白发仍不见少。

每天早上6时，妻子准时叫儿子起床复习功课。即便上厕所、吃早餐时，妻子也要让儿子多背几个单词。儿子上小学时，每天下午5时30分放学。妻子在校门口直接将儿子从汉阳接到武昌，赶6时的"培优班"。公共汽车上，妻子一手端饭，一手拿水。儿子在车上解决完晚餐。晚上9时下课回家，儿子还要完成学校老师布置的作业。

并且，这样的妈妈成了一个群体，她们相互交流信息，听说哪个"培优班"好，就会相互告知，然后纷纷去替孩子报名。

这些"全陪妈妈"将所有业余时间都用来"提高孩子的能力"，尽管出现了明显的负面效果仍不肯停下来。为什么会这样呢？最简单的解释就是，这是极端的"有劲儿就往孩子身上使"，她们看似是为孩子，但内心中，她们是为自己不能适应社会而焦虑。

徐博士说："很多妈妈，自己完全停止成长了，她们能不焦虑吗？但她们不努力让自己成长，而是将压力全放在孩子身上。她们说，这是爱。但不客气地说，她们是在转嫁自己的焦虑。"

转嫁（二）：把"理想自我"强加给孩子，知识分子要求孩子更上一层楼

前面的转嫁方式中，父母一方停止成长，而将"提高竞争能力"的压力完全转嫁给孩子。但还有一些家长，自己并没有停止成长，但孩子则成了他们证明自己的工具，而不是独立成长的另外一个人。只有孩子成功了，自己才有脸面。如果孩子不能出类拔萃，自己会觉得很丢脸。

著名教育家徐国静说，她发现工人妈妈们对孩子的发展很满足，她们说，我儿子学习不错，要考大学；女儿成绩不怎么好，但她有梦想，将来一定有出息。但"知识妈妈"们对孩子的标准普遍苛刻，因为她们比的不是孩子有没有考上大学，而是有没有考上清华、北大，是否去了哈佛。

这是一种"理想自我"与"现实自我"的差距问题。"理想自我"总比"现实自我"高一层，工人妈妈的"理想自我"可能是成为知识分子，孩子只要达到这个水平就行了。但"知识妈妈"的"理想自我"更高一层，孩子必须达到这个水平她们才心满意足。但在很多方面，工人家庭和知识家庭孩子的起跑线是一样的，知识家庭的孩子并不比工人家庭有优势，但却承受了父母更大的压力。

一个妈妈诉苦说，自己听了很多讲座，看了许多教育书籍，希望女儿能学习绘画、英语、舞蹈和音乐，所以专门在少年宫附近买了房子。尽管这套房子格局不好，又很贵。但上中学以后，她发现女儿成绩变差了，她的"全方位"设计落空了，而且女儿变得特别不听话。自己付出这么多，为什么会换来这个结果？这位妈妈陷入痛苦之中。

徐国静认为，这些父母其实都在不自觉中把自己当成"债主"，甚至逼孩子"还债"，从而站到了孩子的对立面上，亲情关系也变得像"债主"和"债务人"般紧张，这样的家庭环境非常不利于孩子的成长。

转嫁（三）：孩子是实现目标的对象，教育学家的"完美教育"逼孩子自杀

徐浩渊博士也说，一些高知家庭的父母压力是极其沉重的，她知道有两个家庭，父母都是教育学教授，孩子却自杀了。

其中一家，父母都是某师范大学教师，他们为孩子设计了一套"完美"路线，要求孩子严格按照该路线去发展。孩子小时候还不错，但年龄越大问题越多。第一次高考时，没考上重点大学。在父母的要求下，他第二年参加了复考。就在考试成绩公布的前一天，因为担心自己考不上父母要求的重点大学，他跳楼自杀了。令人痛惜的是，成绩公布后，他的分数超出了重点大学的录取分数线。

徐博士说，这个孩子的父母，作为教育学教授，显然无法容忍"自己的孩子教育不成功"这样的结果。因为在他们看来，这种结果无疑是对自己职业的嘲笑和否定。

犹太哲学家马丁·布伯[①]将关系分为两种："我与你""我与它"。前者的特征是，"我"将对方视为和"我"完全平等的一个人，而后者的特征是，"我"将另一个人当作了自己实现目标的对象或工具。无论目标多么伟大，当一个人将另一个人视为对象或工具时，这种关系都是"我与它"的关系。

按照这个理论，这两个教育学教授，他们与孩子的关系就是"我与它"的关系，因为孩子成了他们教育学理论的实验对象。孩子是一个独立的人，有他自己的心理需求和人格，但这两个教育学教授，和那些"全陪妈妈"一样，他们都忘记了这一点，将自己的梦想强加在了孩子的身上。

转嫁（四）：通过打孩子宣泄情绪，"打是亲，骂是爱"的潜意识并不伟大

小龙的语文考试不及格，爸爸把他揍了一顿，并且告诉徐博士："就这么一个孩子，我们爱得不得了。打他是为了他好，再这样下去，他以后连个像样的工作都找不到，那可怎么办？打是亲，骂是爱，我怎么就不打邻居的孩子啊？"

但是爱的结果呢？小龙的语文成绩毫无长进，他还对语文课产生了厌恶感。显然，小龙消受不了父亲的"爱"。

但是，这真的是爱吗？徐博士说，是，但又不是。在意识上，小龙的父亲是为了爱，但在潜意识上，通过打孩子，做父亲的可以宣泄自己在其他地方郁积的负面情绪。

她说，做父母的必须学会问自己一句："我真考虑孩子的心理需求了吗？

[①] 马丁·布伯（Martin Buber，1878~1965），现代德国最著名的宗教哲学家，宗教存在主义的主要代表人物。他以关系为世界的本质。代表作有《我与你》等。

我是不是把自己的心理需求转嫁给了孩子？"

譬如，小龙的父亲还做过这样一件事：小龙闹着要买一双昂贵的耐克鞋，这要花掉爸爸半个月的收入，但小龙的父亲咬咬牙还是买了。为什么这样做？因为他看到邻居家的孩子脚上穿着一双耐克鞋，如果自己的儿子没有，比不上人家，多丢面子啊！让儿子穿上名鞋，看似满足了孩子的需要，但实际上满足的是做父亲的虚荣心。

一些家长，当对孩子使用暴力起不到效果时，会将暴力转向自己，做一些自残的极端事情。"中学语文教学资源网"上讲到一个事情：重庆一位"望女成凤"的张先生，为给"屡教不改"的女儿一点"颜色"看，竟用菜刀剁下自己的左手小指。看到父亲的鲜血，女儿才慌了手脚，跪在地上使劲打自己的耳光，向父亲认错。这位45岁的父亲说："女儿从小娇生惯养，虽然已经16岁了，但是她的心理年龄可能也不过12岁，打实在不起作用，我只能这样做。"

父母转嫁焦虑为什么容易成功

在采访中，徐博士几次感叹说："为什么家长们的忘性这么大？他们难道彻底忘了自己童年时的愿望、感受？他们难道忘了被父母控制一切的郁闷和痛苦？为什么现在他们做了父母，给孩子的压力更大？"

她分析说，这有两个原因：

第一，个人原因。他们担心跟不上社会的步伐，担心被社会淘汰，但自己又缺乏成长空间，于是将成长的压力全放到了孩子身上。

第二，社会原因。现代社会的确缺乏保障，这严重加深了父母的焦虑。

在一个论坛上，处处可以见到第二种原因。一位母亲说，不逼不行啊，面对激烈的竞争，要想将来出人头地，只有"从娃娃抓起"，不能让孩子输在起跑线上。

但两个原因总是综合在一起的，一位妈妈说，他们两口子都是下岗职工，但仍然咬紧牙关送孩子培优。从孩子二年级起，就送他上培优班：语、数、外、武术、美术、音乐，总共有十来个，前后花了两万多，就是希望他长大后，能有份像样的工作，不会面临下岗。

以前，我们吃大锅饭，不讲竞争。现在，我们比西方社会还讲竞争，而且升学似乎成了唯一的竞争路线，绝大多数家庭都将希望寄托在这条路线上，只许成功不许失败。最初，只有高考压力大。后来，中考的压力越来越大，现在一些地方中考的难度已超过高考。慢慢地，压力渗透到小学、幼儿园，甚至产前，已经到了"竞争从娃娃抓起"的地步。

孩子很在乎父母的情绪

徐博士在几十所中学做过演讲，到最后，她都会问孩子们一句："你们最希望谁听我讲课？"孩子们每次都几乎一致地回答："爸爸！""妈妈！"

教师和父母同为应试教育的两个直接与孩子们打交道的链条，但为什么孩子们几乎只希望父母去听听心理学家讲教育？

徐博士说，因为孩子们在乎的其实不是学习，而是爱。学生与教师的关系，核心是学习。而亲子关系的核心是爱。家长们认为，爱孩子的方式就是让孩子好好学习，而孩子们知道，成绩与爱是画等号的。

在记者收到的信件中，许多中学生都提到，"我只有取得好成绩，父母才会夸我"，或是"只有我学习好，父母才会给我好脸色"。孩子们是将学习与爱之间画上了等号，他们知道，只有学习好，才能赢得父母的爱。

不仅如此，孩子们也疼爱父母。像文中最初提到的那个自杀的小学生，他是多么爱爸爸妈妈。徐博士说，相对于成年的父母，孩子们更像是一个敏感的心理学家，父母只考虑他们的生存，他们却特别在乎父母的情绪，对父母的心理变化非常敏感。他们很容易围绕着父母的情绪转，而父母也会有意无意地利用自己的情绪去控制孩子。

一名男大学生，在徐博士"心育心"网站上发帖子说，他现在"不能去做我想做的事，如果去做了，不但父母不高兴，我也不会开心"。为什么会这样呢？在徐博士的网上咨询中，他说这源自上中学时的一件事情。当时，他想去爬泰山旁边的一座荒山，但父母强烈反对，他做了长时间的说服工作，父母最后同意了。他玩得非常快乐，也毫发无损地回到家里。但回来后，他发现，父母仍然不高兴，一句关心的话都不问。从此以后，他发誓再也不做让父母不高兴的事，譬如他本来不愿意上这所大学，但这是父母的意愿，为了让父母高兴，他就来了。

孩子的学习乐趣被"转嫁"

用转嫁压力的方式，父母们控制住了孩子，让孩子按照自己设计的路线去发展。他们如愿以偿了，但是，徐博士说，这会引出一系列的心理问题。

第一，加剧了孩子的学习压力。一名高三班主任说，她的毕业班的学生说，他们在大学中最怕的就是妈妈的唠叨。并且，孩子们承受的不只是双倍或三倍的压力。因为，父母们不是当事人，他们并不能真正地体会到孩子们的学习压力，所以在向孩子施加压力时容易失去控制。像那位"全陪妈妈"，她在施加压力时已经失控了。

第二，侵犯了孩子的个人空间。徐博士说，在父母"严密监视"下长大的孩子，他们缺乏心理疆界的概念，成人后要么容易依赖别人，要么容易去控制别人，父母不尊重他们的个人空间，他们也学不会尊重自己和别人的个人空间。

第三，令孩子形成外在评价系统。小时候，孩子太在乎父母的评价。长大后，他就容易在乎同学、老师、老板、同事等人的评价，整日活在别人的评价中，做事情不是为了自己内心的需要，而是为了得到别人好的评价。徐博士说，有内在评价系统的孩子，他会享受到学习本身的乐趣，这成了激励他努力学习的最大动机。但被外在评价系统控制的孩子，"天生爱学习的动机"被"为了父母而学习的动机"所取代，他们的学习会过于在乎别人的赞誉，过于在乎考试成绩，也容易产生考试焦虑。

改变之道：与孩子一起成长

把压力转嫁给孩子是一种"双输"局面，对孩子的危害很多，家长也不舒服。因为孩子不容易心存感激，很多家长觉得很伤心，抱怨孩子不感激。怎么改变这种"双输"局面呢？徐博士建议从以下几点做起：

一、给孩子空间。

徐博士说，她特别不爱听孩子们说"我是个孝顺的孩子"。什么是孝顺呢？一方面，孝顺意味着尊重父母。但很多情况下，孝顺的意思是"什么都听父母的"。

但父母的意见就很对、很成熟吗？徐博士不这么认为。她说，其实，父母怄起气来常和孩子一样，缺乏理性，总是根据自己过去的经验去要求孩子，但他们"提的要求要么根本不合理，不合时代；要么就常常只是为了捍卫父母的权威"。

徐博士说，如果父母包办孩子的成长，什么都替孩子做决定，那么，孩子就学不会自己做决定，就学不会果断和思考。父母只有给孩子留出充裕的个人空间，孩子才会发展出完整的独立人格。

二、自我成长。

徐博士说，很多父母其实在按照自己的理想自我塑造孩子，但如果自己的现实自我和理想自我相差太远的话，孩子长大以后，就容易出现强烈的叛逆心，因为他会发现，父母其实是"说一套做一套"。

更重要的是，如果父母自己也在成长，他们就不容易对适应社会产生恐惧和过分的焦虑感。并且，如果他们更多地去关注自己的成长，就不会动辄干涉孩子的成长。

一个做了多年学生心理咨询的心理老师说，如果只是孩子的成长问题，其实很容易解决。但如果孩子问题的背后是父母的问题，那就很难解决，除非父母们先做改变。他还断言，如果家长只是一味地寻求怎么解决孩子的问题，而不是在自身寻找原因的话，孩子的问题就无法解决。所以，家长应该与孩子一起成长，这是最好的办法。

徐博士说，家长们应该明白，家庭是一个系统，孩子出问题了，必然能从家长的身上找到相关的原因。要想孩子得到改变，整个家庭系统都应该发生改变。

三、进化爱的方式。

徐博士说，以前，物质匮乏，生存很容易出问题，所以父母之爱的集中表现方式就是牺牲自己的物质，保证孩子的物质生存条件。但现在，物质匮乏已经居于次要地位，父母应该进化爱的方式，从以前关注物质的方式中脱离出来，应该更多地考虑孩子的人格成长和心理需求。

最后，徐博士再次强调，她希望父母们在着急的时候反省一下："我考虑的到底是谁的心理需求？到底是谁在焦虑？"

孩子的成绩，父母的信仰？

一次同学聚会，晚上和两个老友深谈。他们两个收入不错，家庭和睦，家人身体也都好，但都有一个共同的苦恼——太关注孩子的成绩。

他们说，我们是河北省重点高中毕业，都上了重点大学，意识上并不希望给孩子压力，毕竟，孩子在学业上超越自己的概率已很低。但是，孩子的成绩总是强烈地牵动他们的心，看到孩子的成绩提高，就开心；孩子的成绩降低，就失落。

他们还说，自己的人生已别无所求，没什么好再渴望的了，就是在意孩子的成长。

听到这里，我瞬间明白，他们是将孩子的成长当作信仰了。

我们是无神论的国家，我们也是反个人主义的社会。如此一来，一个人的精神生命或灵魂，安放何处？既不能安放在信仰上，也不能安放到自己身上。最容易安放的地方，就剩下了两个：对父母的孝，对孩子的培养。

对父母的孝，不容易成为精神的寄托，但孩子不一样，孩子的成长变化，会给父母带来刺激，让他们觉得生活是新鲜的，是有期盼的。

可以说，中国人缺乏自我，缺乏灵魂的寄托，是有普遍性的，并不仅仅是没有文化的父母才这样，有文化的也一样。

至少我们要意识到：**不能将自己的自我，寄生在孩子身上。**

孩子为何把网络当成"安全岛"

幼童时代,父母无条件的爱就像是在打造一个安全岛。心中有了安全岛,孩子才会信心十足地探索世界,和人交往。他们深信,如果受伤了,受挫了,可以随时回到这个安全岛上来。

许多孩子之所以迷恋网络,一个常见的原因是,他们没有一个可靠的安全岛。他们被父母、学校"遗弃"了,他们的安全岛四分五裂。于是,他们去网络上构建新的、虚幻的安全岛。

这是一位妈妈写给袁荣亲咨询师的一封来信:

小芸今年16岁。她出生一个月后至小学三年级,一直由乡下外公外婆抚养。三年级至六年级随舅父舅母在县城生活和读书。从初一至今随父母在东莞读书。

小芸开始记事时,因某些原因,有人曾经骗她说,警察要抓她。所以，每当得知有陌生人进村或听到摩托车、汽车的声音时，她就吓得边跑边哭，不知该往哪里躲。（外公外婆对她特别关爱，她现在也常说外公是最最关心她的人，是她最信赖和尊敬的人。）

三年级至六年级，她随舅父舅母去县城生活和读书。舅母很少跟小芸谈话沟通。她白天上学、晚上自修都是独来独往，没人接送。看到其他同学总是有父母或家人接送，她常打电话告诉我，说她晚上下自修课回家的时候很害怕，说舅父舅母不疼她，所以不接送她。她常羡慕其他同学命好，能得到父母的疼爱，有钱花，穿得漂亮，长得漂亮。她怕自己长得丑，父母不疼不爱她。不过，虽然存在着这些思想包袱，但她读书还是很用功，从不迟到缺课，下课准时回家，按时完成各科作业，而且成绩一直很不错。

五年级第一学期，她在学校赛跑中摔断了右手。因手术失误，导致五根手指失去了知觉，不能动弹。她很伤心、痛苦，常哭着打电话对我说，她的手残废了，不能拿笔写字了，一辈子不能读书了。为治好她的手，我不惜付出一切，带她到广州和深圳求医。她坚强地挨过了三次手术的痛苦，还坚持针灸约八个月时间，这八个月她一直独来独往，无人接送。后来她的手慢慢地好了，当第一次发现自己的一根手指有知觉时，她高兴得跳了起来，连忙打电话向我报喜。

她的手虽好了，成绩却一落千丈。她不能接受现实，每次知道分数后，都不相信这是自己的成绩。从此，她对学习越来越没兴趣，开始寻找其他快乐。六年级上学期，她学会了上网，常在自修课后到网吧，每次玩两个小时左右。她舅舅知道后，批评她，她反而玩得更厉害，有时干脆不回家，整夜整夜待在网吧里。

我得知这些情况后，心里非常焦急。为了她能好好读书，也为了便于教育和引导她，决定让她换一下环境。在初一第一个学期，我们把她转来东莞读书。开始几个星期，她很听话，学习很认真。但不知为什么，转来还不满一个月就又"旧病复发"。老师告诉她爸爸，说她去上网了。爸爸教训她，父女关系本来就恶劣，从此以后更差了。

最后，她说她想住校，因为学校才有学习气氛，遇到问题可随时问老师。我们不同意她搬到学校住，她又哭又闹地说，如果不同意她到学校住，就不读书了。我们软硬兼施，都无法说服她，只好依她。不出所料，搬到学校后，她常在自修课期间独自跑出去上网，老师发现后又告诉了她爸爸。她爸教育她、批评她，她都不听。后来，她爸忍无可忍，狠狠打了她一顿。我们还减少了她的零花钱，想从经济上限制她上网。

但这一切都无济于事。由于没钱上网，她竟然偷了班里同学的钱。这件事闹得全班同学都知道了，班主任当着全班同学的面批评她、警告她，还叫她上讲台向同学们做检讨。从此以后，她再也无心读书了。以前只是晚上上网，现在白天也泡在网吧里，没钱了就向旁边的熟人借。

因为长时间上网，又没钱给，网吧老板曾关了她三天三夜。最近一次，她出走了二十多天。我们伤心欲绝，找遍了东莞几乎所有大小网吧，都没找到她。最后，还是她自己回来了。因为旷课时间太长，学校怕出事负责任，准备对她做自动退学处理。于是，我们通过各种关系，又把她转回老家读初一的第二个学期。

在老家的半个学期，她住在堂兄家。开始她表现得还不错，参加了学校的文艺晚会演出并得了奖。老师、同学都夸她多才多艺，她也很开心。但也许是她太小心眼，太多心，太虚荣，太在乎自己的长相。不久后，她回家告诉堂哥堂嫂，说她每次走在学校里，就有人看她、议论她，说她长得丑，走路难看，等等。她又没法在老家读书了，叫我们必须把她转到东莞来读书。就这样，去年九月份我们又想办法把她转到了东莞。从去年九月到春节前二十天左右，她还是表现得很好，期中考试还得了全班文科第一名，也曾获得作文比赛第一名。但就在期末考试前几天，她突然旷课一个星期，又泡在网吧里。好像怕我们知道，她总是利用上课时间去上网，下课准时回到家。如果不是老师打电话，向她爸爸问她的去向，我们还蒙在鼓里呢。因为上网，她期末有两科考试没有参加。放寒假的时候，她又常常几天几夜泡在网吧，不回家过夜。

小芸任性、孤僻、冷酷、自私，缺少对别人的爱心和感恩，自尊心、虚荣心特别强。来东莞后，从未同父亲说过一句话，也不肯同父亲吃一顿饭。她迷上了QQ和游戏后，整天与网友通电话和信件，经常写日记，发泄自己对亲人的深仇大恨。她拒绝别人的教育，每当别人教育她的时候，她就表现得非常厌烦，脾气特别大，有时候还大喊大闹，说要杀死某某。她上网至今曾多次偷钱离家出走。她简直到了无法无天、不可救药的地步了。我们为她的事感到万分痛苦！然而，我们的痛苦和悲伤，却无法打动她的铁石心肠。她似乎是个不长心肝的废物了。

"我是个没人要的孩子"

读完这封信后，我的脑海中形成了这样一幅画面：一个很小很小的小女孩，哭着、跑着，努力寻找一个安全的地方，却怎么都找不到……

美国临床心理学大师罗杰斯[1]认为，对于一个幼儿来讲，父母无条件的积极关注是至关重要的成长因素。他们无条件地爱他，不向他提任何要求，也不谴责他，他们只是因为他是自己的孩子而爱他、呵护他，无论他有什么缺点。

---

[1] 卡尔·罗杰斯（Carl Rogers, 1902~1987），美国心理学家，人本主义心理学的主要代表人物之一。

得到父母无条件的积极关注，幼儿就会在心中形成一个"安全岛"，爸爸妈妈的爱就是安全岛的基石。他非常自信地去探索世界，去建立关系，并不特别惧怕受到伤害。因为他深信，如果他受了伤，如果别人拒绝他、不要他，他可以回到这个安全岛上来，爸爸妈妈会爱他、支持他。

随着年龄的增长，这种安全感会逐渐沉淀为一种潜意识。有了这种潜意识的成人会信任值得信任的人，一如儿童时期信任爸爸妈妈那样。他们很少猜疑别人的心思，但如果有明确的理由告诉他，一个人不值得信任，不值得爱，他们会坚决地离开这个人，而少做蠢事。他们也会受伤，但他们的伤口总是会比较快地痊愈。

寄养 = 被抛弃

然而，小芸没有获得这种安全感。相反，从小她被无助感所纠缠。

后来，小芸的妈妈承认，她在信中讲到的"某些原因"是，小芸是第二胎，他们已经有一个女儿，但她丈夫家特别想要一个儿子。当时下定决心，如果是男孩，不管付出什么代价都要留在身边。但没想到第二胎还是女孩。失望之下，他们在小芸还不足一个月时把她送到外公家藏起来。

总拿"警察要抓她"来吓唬小芸的，不是别人，就是小芸的亲人。他们担心暴露小芸的身份，所以每当管计划生育的干部进村时，他们都会把小芸藏起来，并吓唬她"别哭，一哭警察就会把你抓走"。小芸就是在这种东躲西藏的环境下长大的。爸爸妈妈一年回老家看一次小芸，给她带很多礼物。小芸知道他们就是爸爸妈妈，但她不能叫他们爸爸妈妈，而是叫叔叔阿姨。

我似乎可以感受到，幼小的小芸心里是多么无助："坏人"来了，没人能保护我。我有爸爸妈妈，但他们不要我。如果我是个男孩，爸爸妈妈就要我。我非常羡慕姐姐，她好漂亮，爸爸妈妈要姐姐不要我，肯定是因为我长得太丑了。外公外婆对我很好，但他们对舅舅舅妈的孩子同样好，甚至比对我还好。舅舅舅妈对我也好，但他们对自己的孩子更好。

没有人全心全意地爱我，我是个没人要的孩子

"没有人爱我，我是个没人要的孩子"，这种无助感贯穿了小芸16年的人生。

小芸之所以拼命学习，并不是因为喜欢学习，而是因为，这是她争取爱的手段。她知道，如果成绩好，爸爸妈妈就会对她特别好。如果成绩不好，爸爸妈妈就会对她失望。所以，她努力学习，只是因为那样就会赢得爸爸妈妈的爱，尤其是妈妈的爱。因为她恨爸爸，她知道，是爸爸想要一个儿子，是爸爸决定把她送到乡下。

小芸也有一个小小的安全岛，但这个岛上的主要基石不是爸爸妈妈无条件的爱，而是她的好成绩。当学习好时，无论遭遇什么挫折，只要回到心中的这个岛上来，她就暂时得到了安全感。

但那次事故摧毁了这个脆弱的安全岛。当她在电话里向妈妈哭诉"一辈子不能读书了"，实际上，她是在担心，自己再也得不到妈妈的爱了。因为她相信，妈妈爱她是有条件的，那就是好成绩。

学校也抛弃了她

所以，她极其害怕不能上学。她以罕见的意志去承受痛苦的治疗，且一声不吭。谁都知道疼，有安全感的孩子会哭出来。哭是一种信任，哭的孩子知道，只要一哭，爸爸妈妈就会过来呵护他，这种爱会减少其心理疼痛和不安。但小芸不哭，因为她以为，父母爱优秀坚强的她，而不是脆弱的她。

手术成功了，但她失败了。在付出近一年的时间代价后，成绩一落千丈。这时，她的安全岛崩溃了。别的孩子也会在成绩下跌时难过，但很少有人会像她这么难过，因为这几乎是她安全岛上唯一的基石。

这时，如果妈妈在她身边，一遍遍地告诉她，"宝贝，无论你怎么样，你都是我心爱的女儿。无论你怎么样，我都无条件地爱你"，情况会有很大改善。但妈妈不在她身边，妈妈只在电话里安慰她。当她伤心，觉得天塌下来时，当她担心失去爱时，没有人拥抱她、理解她、接受她，只有人远远地教育她、指导她。

于是，她去了网吧，那里有人无条件地支持她，听她倾诉，对她没有任何要求。

乖张行为是缺乏安全感的表现

"孩子上网成瘾了！"从郑太太的信中，可以看到，她对这一件事情是多么不安。她担心女儿成绩会越来越差，所以把女儿接到了东莞的家中。对小芸来说，这意味着终于回家了，终于被爸爸妈妈接受了。但这让小芸再一次验证，妈妈不是因为爱她才要她，而是担心她成绩会越来越差，所以不得不要她。也就是说，妈妈的爱是有条件的，"我们爱不爱你，是要看你的成绩的"。

袁荣亲说，没有回家之前，小芸整天幻想回家，期望值非常高。但回家后，她的幻想迅速破灭了。妈妈关心她的学习胜于关心她。至于爸爸，她恨他，因为是他不要她的，是他嫌她不是男孩。显然，爸爸也恨她，他觉得自己够辛苦了，为小芸付出了这么多，她却一点都不领情。

他说，所有与父母分离过的孩子，对回家都抱着很高的期望。刚回家时，父母务必重视这一点，给他特殊待遇。父母必须明白，孩子的乖张行为常是因为缺乏安全感。要恢复安全感,就必须给孩子无条件的爱。

学校是安全岛的另一块基石

但小芸的父母没做好这种准备。于是,小芸发现,她的期望原来只是幻想,真实的父母远不是她想象的那样。这种感觉进一步摧毁了小芸的安全岛。于是,刚回家不到一个月,她又逃到网吧去了。

在这次近距离的交锋中,小芸和父母对彼此的失望都达到了顶点。父亲打了她,还断了她的零花钱,而小芸逃到了学校。

但是学校也接着抛弃了她。她偷了同学的钱,班主任要求她在全班同学面前公开道歉。对小芸来说,这无疑意味着老师、同学也不要她了。安全岛上另一块薄弱的基石也破裂了。

既然家和学校都不再是安全岛,小芸就干脆彻底逃到网络中去,从网络上寻找基石,建立新的安全岛。于是,她开始白天也去网吧了,没日没夜地泡在网络里。

她一直重复"被遗弃猜想"

童年阴影会留下巨大的影响。小芸尽管已经16岁了,但她其实一直是那个很小很小的小女孩,在努力寻找一个安全的地方,却总是找不到……

信件的最后一段验证了这一点。

再次转回老家的学校后,小芸参加文艺晚会演出,得了奖,而且赢得了师生一致的称赞。

但因为不安全感积攒得太多,小芸已经很难把这种称赞变成安全岛的基石。相反,她变得"太小心眼,太多心",总觉得别人在说她丑。妈妈无法理解这一点,但这并不难理解,在童年时,小芸就认为父母之所以不要自己,就是因为自己长得丑。现在,她只不过是再一次重复这种被遗弃的感觉罢了。安全感强的人不会太关注别人的消极信息,但小芸的安全感太低了,所以她会变得极度敏感,容易看到消极信息,而且每个信息都让她再一次重复"被遗弃猜想"——"我丑,所以爸爸妈妈才不要我"。

袁荣亲说,一个人如果在童年只获得了很少的安全感,长大后就很难再重新建立一个安全岛。小芸的情况,正是如此。

他说,在爸爸妈妈眼里,小芸长大了,他们把她当大孩子看待,对她提出各种要求,也会予以指责。但是,小芸自己仍然停留在四处寻找安全感的小女孩状态。要纠正小芸的网络成瘾,双方都要付出努力。小芸要知道,自己长大了,可以承担更多。小芸的父母要知道,小芸的心理仍停留在幼儿时代,他们必须重新给她无条件的爱,只有整个家庭系统向着好的方向发展,小芸的网瘾才有望真正消失。

他说,甚至要感谢网瘾,因为如果没有网络,小芸的安全感会崩溃得更加彻底,她也就可能做出更可怕的事情来。

客体稳定性与情感稳定性

缺乏安全感,是一个广泛存在的问题。

为什么会这样?

这就涉及一个广为人知的观念——**妈妈最好亲自带孩子到三岁**。

为什么?因为,孩子在良好的养育环境下,到三岁才能形成两个概念:客体稳定性与情感稳定性。

客体即孩子身外的物体。幼小的孩子没有客体稳定的概念,他们能看到一个事物,才觉得这个事物存在,而看不到,他们就觉得这事物不存在了。所以，和他们玩藏猫猫的游戏，他们会玩得不亦乐乎。

情感稳定性，即一个人只要确认对方是爱自己的，那么，他不会随着时间和空间的距离而无端对这一点产生怀疑。

客体稳定的概念，在良好的养育环境下，孩子一岁半即可形成，而情感稳定的概念，在良好的养育环境下，要到三岁才能形成。

只有形成这两个概念后，孩子才能承受与妈妈的长时间分离。长时间，指的是两个星期以上的时间。有研究表明，若在孩子三岁前，妈妈与孩子有两个星期以上的分离，会让孩子形成强烈的创伤。

所以，在三岁前，妈妈要尽可能亲自带孩子，不能与孩子有长时间分离，并且要与孩子有良好的互动。这样一来，孩子才能形成所谓的安全感。

想象一下那些在中国普遍存在的农村留守儿童，以及城镇都存在的隔代抚养现象，就可以知道，这在中国是个奢望。所以，这导致中国人普遍缺乏安全感。

考试瘾比网瘾更可怕

好的心理机能，是趋利避害。糟糕的心理机能，是趋害避利。譬如，闻到大便是臭的，然后避而远之，这是正常的心理机能。相反，闻到大便是香的，于是欣然接近它，这就是变态的心理机能。从这一点上看，在目前的应试教育体制下，比起网络成瘾来，考试成瘾更加可怕，更需要警惕。

《重庆晚报》报道说，西安某中学一高二女生患了"嗜考症"，症状是迷恋考试，如果有几天不考试就觉得"烦躁、空虚"，并且只要不能得第一就认为是失败，而考高分的目的，是赢得老师的夸奖和同学的羡慕。

考试上瘾，是好事还是坏事？对此，心理咨询师于东辉说："毫无疑问，这是坏事。"

"目前的应试教育使得孩子们的考试压力极大，对此产生厌倦情绪，是正常的也是可以理解的，"于东辉说，"相反，如果迷恋上考试，把考试当作生活中最大的快乐来源，这是非常可怕的心理状态。"

"考试上瘾的孩子会有一个收获——取得比较优秀的成绩,但是,他们会付出非常昂贵的代价。"于东辉说,"我所知道的几个嗜考症的案例,因为没有得到及时的干预,最后这样的孩子要么发展成偏执型人格障碍,要么发展成精神分裂症。"

于东辉认为,遇到不好的事情,有消极抵触的情绪产生,这是正常的。遇到不好的事情,反而产生积极快乐的情绪,这是不正常的。目前的应试教育让学生们产生消极抵触情绪,甚至染上网瘾,虽然看似不合理,但实际上很容易理解,干预起来也比较容易。相反,如果考试上瘾,几天没考试就非常难受,这是不正常的心态,干预起来也比较困难。

考试上瘾,源于不正常的奖罚方法

考试上瘾的情况,一般源于家长对孩子不正常的奖罚方法,如果考好了,孩子会得到极大的奖励,在其他方面,无论他做得多么好,都得不到这种奖励,甚至根本就得不到奖励。相反,如果考砸了,孩子会受到很严厉的惩罚。这种完全以考试成绩为标准的单一奖罚办法,很容易催生孩子的考试瘾。

人的大脑中有一个快乐中枢,如果快乐中枢频繁受到单一来源的刺激,那么我们就会"爱"上这个刺激方法,不管这个刺激多么危险,仍然会乐此不疲。这个时候,我们趋利避害的心理机能就会受到严重伤害。

心理学家做过试验,用较轻的电击刺激小白鼠的快乐中枢,然后让小白鼠学会控制这个电击的方法。之后,小白鼠什么都不会做,只是一遍又一遍地电击自己,至死方休。

家长们所用的完全以成绩为取向的奖罚办法,和心理学家对小白鼠的电击有异曲同工之处。

前一段时间，于东辉治疗过一个"嗜考症"的男孩小丁。他在广州一家省级重点高中读高二，当时每天晚上学习到凌晨两三点，早上五六点就起床，妈妈劝他注意休息，但怎么劝都没用，因为他太爱学习了，不这样做就非常焦虑。

上初中的时候，小丁经常考全班第一名，但他对此很不满意，经常发誓一定要考全年级第一、全市第一。初三学习紧张是应该的，所以小丁的妈妈没有太在意孩子的这一做法，但上了高一后，小丁仍然如此拼命，甚至在暑假期间，小丁仍然一如既往地努力学习，他准备"快鸟先飞"，先把高一的知识学好，以保证自己在新学校取得好成绩。他妈妈当时就动了念头，想带小丁去看心理医生，但小丁的爸爸反对，他认为孩子爱学习没有什么不好。

但后来，看着孩子日渐瘦弱的身体，以及过于亢奋的神情，小丁妈妈越来越担心孩子会垮掉，于是不顾丈夫的反对，带儿子来找心理医生了。

过度奖励让人考试成瘾

于东辉说，小丁染上"嗜考症"并不难理解。原来，在家里，小丁什么事情都不用做，他唯一的"任务"就是取得好成绩。有了好成绩，爸爸妈妈会给他各种各样的奖励。

不仅如此，小丁的好成绩还是维持这个家的最重要支柱。他的爸爸妈妈关系不好，经常吵架，也闹过离婚，但只要小丁的成绩出现进步，他们就会变得非常开心，起码会有一段时间不吵架。相反，如果小丁的成绩一直原地踏步，甚至出现倒退，爸爸妈妈的关系也会随之恶化。

这是双重的压力，小丁不仅要为自己而好好学习，他还要为维持父母的关系而好好学习。因此，他的忧患意识很重。只是，他的成绩已够出色了，在全班名列前茅已使尽了浑身解数，再提升一步谈何容易。所以，他只能用时间去比拼。

不过，于东辉强调，只凭高度的压力，一个孩子是很难考试上瘾的，只有快乐才会把他们带到这里。对小丁来说，取得好成绩就意味着可以随心所欲地得到他想要的一切，并且好成绩还让他当上了家庭的"救世主"，这都是对他的过度奖励。

严重考试成瘾需要心理干预

于东辉说，最严重的考试上瘾的案例表现为当事人的心理机能已被严重破坏，就仿佛是"一个恶魔控制了他们的心灵"，让他们完全做不到"趋利避害"。

相反，网络成瘾的孩子，起码在心理机能上，基本上是正常的。"很多有网瘾的孩子，要么是家里没有温暖，要么是父母给的压力太大，家从某种程度上已经成了他们的监狱。所谓的网瘾，不过是他们从一个糟糕的监狱逃到另一个糟糕程度较轻的监狱而已。"他说。

国内知名的心理学家、武汉中德医院的前院长曾奇峰也极力反对用"网络成瘾"这种词语去形容孩子。他认为，这个词语是一种"妖魔化"，并且忽视了网络对孩子起到的一定的保护作用。就记者所了解，在心理学界，这是大多数专家的共同观点。

嗜考症危害更严重

教育学界也有不少专家持有这一观点。西安市教育学会前会长许建国说："嗜考症的危害不亚于迷恋网吧。"

过于迷恋网络，需要心理干预。考试严重成瘾，更需要心理干预。

小丁在于东辉那里做了一段时间的心理治疗后，起码可以做到不再每天都学习到凌晨两三时，而是减少到 12 时。但在小丁爸爸的激烈反对之下，这次治疗被中断了。

"非常可惜，我也非常担心他的未来，"于东辉说，"我预料，如果孩子这样发展下去，他最后一定会患上偏执型人格障碍。成绩将成为他生活中的唯一支柱，这个支柱一旦坍塌，他就有可能会患上精神分裂症。"

对这一点，我有更直接的了解。在北京大学上本科时，我楼下住的是数学系，其中一个同学，因一门考试不及格得了精神分裂症。他发病时是深夜，当时光着身子绕着宿舍楼跑，边跑边喊："我是北大的！我是北大的！"

他之所以发疯，是因为他最大的精神支柱——得到好成绩然后被认可——坍塌了。

区分学习上瘾与考试上瘾

于东辉还强调，必须区分学习上瘾和考试上瘾。

学习上瘾的孩子，享受的是知识带来的快乐，这是天然的快乐，是好奇心得到满足的快乐，是对这个世界更多一些了解后的快乐。这种快乐，绝不会是单一性质的快乐，所以这快乐无论有多大，都不会让一个人像前面提到的小白鼠那样，歇斯底里地去追求电击带来的快乐，至死方休。这是一种内部评价体系，学习上瘾的孩子，他们非常独立，知道是自己在掌控自己的局面，不会轻易为别人所动。长大以后，这样的孩子会更独立、更有创造力。

相反，考试上瘾的孩子，他们的快乐其实掌握在别人的手中。他们所追求的，不是知识带来的天然快乐，而是家长、老师等外人的奖励和认可。文章一开始提到的那个西安的高二女生,只是为了得到老师的夸奖和同学的羡慕,她的学习动力,全来自比较,即"我一定要比别人得到的更多"。如果有别人比自己考得更好,她就认为自己是失败者。有一次,她数学考试得了第三名,家人觉得还不错,鼓励她继续努力,可她竟然两天没吃饭,说这是对自己考得这么差的"惩罚"。

让孩子多点爱好

于东辉说,要防止孩子染上"嗜考症",他有以下几条建议:

一、不要只根据成绩好坏奖罚孩子。孩子取得了好成绩,可以和他一起分享快乐,但不必非得给予他很高的奖励。"因为,外部奖励太频繁,会夺走孩子内在的喜悦。"他说,"对孩子而言,考试成绩好本身就是一种奖励,如果他很爱学习知识,那么这就是对他学习知识的认可,这会带给他内在的喜悦,这种内在的喜悦是最好的学习动力。但是,如果频繁给予物质奖励,这种内在喜悦就会被外在的奖励所取代,孩子的学习动机会因此变得不单纯。"

二、孩子考砸时,要给予理解而不是责骂。多数"嗜考症"的孩子,其父母对孩子的学习要求相当苛刻,考好了,"一俊遮百丑",其他什么问题都可以不追究;考砸了,"一丑遮百俊",其他方面做得再好也得不到认可。甚至,孩子考了全班第一,父母会说:"有什么好得意的,这点成绩就翘尾巴了?你考了全校第一才算有本事!"

三、让孩子适度参与家务。很多家庭,学习成了孩子唯一的任务,在这种教育环境下,孩子最后只把成绩当作唯一精神支柱,就不难理解了。

四、鼓励孩子有其他爱好。但不要把爱好当成任务,当成必须完成且必须做好的任务,那样一来,爱好也失去其意义,变成压力了。

总之，就是不要让孩子像前面提到的小白鼠那样，只有考试这一种快乐。好的人生，应该有各种各样的快乐。

> **内部评价系统与外部评价系统**
>
> 有真自我的人，他会形成内部评价系统，即，他行动的动力来自自己的内在。
>
> 有假自我的人，他会形成外部评价系统，即，他行动的动力来自外部的他人。
>
> 放在学习上，有内部评价系统的学生，他之所以热爱学习，是因为他喜欢学习，学习本身带给他很大的快乐。相反，有外部评价系统的学生，他努力学习是为了追求外部的奖励，也即家长和老师的奖励。
>
> 外部评价系统的悲哀之处在于，一个人过于在意别人的评价，而失去了自己。
>
> 没有纯粹的内部评价系统，也没有纯粹的外部评价系统。关键是，你的动力系统中，哪个占主导。

孩子总考砸，可能有内情

好的沟通是健康家庭的一个标志。在这样的家庭中，孩子可以直接对父母表达自己的情绪和不满。

这是非常有必要的，因为假若孩子心中有了不满，但却又被禁止表达，那么他们就会发展出一些特殊的表达方式来。

用考砸表达对老师、母亲的不满

最常见的表达方式是"被动攻击"，即孩子有意无意地做错一些事情，然后惹得父母特别生气。结果，父母对孩子进行一番攻击，斥责他甚至打他。这样看上去是父母攻击了孩子，但实际上是孩子内心深处故意惹父母生气。但因为他是被动的，而不是主动的，所以就仍像是个乖孩子。

"被动攻击"最典型的例子是"医生的孩子常生病，教师的孩子不学习"。

这是国内知名的心理学家曾奇峰的观点。他说："医生的孩子常生病，教师的孩子不学习，是我在咨询中经常遇到的案例。"

我的许多来访者都是做老师的，我好几次听到这样的感慨：我是搞教育的啊，他（她）把学习搞得这么差，我怎么向别人交代！

豆瓣网有近八万成员的小组"父母皆祸害"中，相当多人的父母就是老师，你在许多文章中都可以看到他们如何讨厌自己做老师的父母。

心理咨询师寥琦也赞同曾奇峰的观点，她举了这样一个例子：小勇是广州某中学初三的学生，他学习很努力，一般的小考试成绩一贯出色，但一到了大考试，譬如期中、期末或升级考试，他就总会考砸，很少有例外。

小勇的父母都是教师，而妈妈张老师就在小勇的那所中学里教书，她想尽了各种办法，但就是无法帮小勇提升大考时的"心理素质"，无奈之下，她带着儿子来看心理医生。

母子俩见到寥琦后，张老师先发了一通感慨："我是优秀教师，在区里都很有口碑，教出了那么多优秀的学生，但就是教不好我自己的孩子，我觉得自己真丢脸。"

说完这番话，她用"恨铁不成钢"的眼神看着小勇，而小勇看上去也很难过，他的头垂得很低，不肯看妈妈的眼神，也不和心理医生对视。

听完张老师的一番话后，寥琦请她离开咨询室，留下她和小勇一对一地做心理咨询。在张老师离开咨询室的那一刹那，小勇头抬起了一点，寥琦看到，刚才他脸上的那种羞愧迅速消失了，取而代之的是一种倔强的神情。

"我知道他的那种神情是什么意思，"寥琦说，"我接过多个这样的案例，知道这样的孩子在意识上很羞愧，但内心深处其实埋藏着很多怨恨。"

她说，这是由这个家庭的沟通模式所决定的。爸爸妈妈很爱小勇，可以说到了溺爱的地步，不要求小勇做任何事情，只要求他成绩好。此外，爸爸妈妈还要求小勇"听话"，并常对儿子说："我们所做的一切都是为了你好，你要明白爸爸妈妈的苦心。"

考砸让他反而有一丝快感

从小勇的表现看，他好像完全知道父母的苦心。他每天都起早贪黑地刻苦学习，不仅很听话，还常对父母许愿说，他以后要考最好的大学，找最好的工作，然后挣很多钱，以回报父母的爱。

这让爸爸妈妈很开心，不过他们总是对小勇说："爸爸妈妈不会要求你给我们什么回报，你只要取得好成绩就行了。"

但问题恰恰出在这里，小勇学习很努力，平时小考成绩很出色，但一到大考就是不行。

咨询进行了很多次以后，小勇才终于袒露了他的心声："不知道为什么，等拿到大考的成绩，发现不怎么样时，我心里一开始总闪过一丝快感，然后才会有丢脸和失败的感觉，觉得又考砸了，又让妈妈失望了。"

这种一闪即逝的快感是问题的真正所在，原来小勇内心深处其实是不想考取好成绩的。咨询做到最后，小勇承认："我讨厌他们（父母），他们一天到晚围着我转，让我烦不胜烦。但我很快会对自己说，你怎么能恨爸爸妈妈呢？他们对你那么好，那么无私，你反而恨爸爸妈妈，你还有良心吗？"

他想否认自己对爸爸妈妈的不满，但最终还是表达了这种不满，大考的考试成绩就是他表达不满的方式，其含义即："你们不是希望我取得好成绩吗？你们最在乎这个，那我偏偏不考好。但你们别怪我啊，我努力了，肯定是你们教我的方式有问题。"

这种心理很微妙，和多数处于青春期的孩子一样，小勇意识上并不知道自己有这种心理，他只是在拿到糟糕的考试成绩后隐隐约约有一丝快感。

咨询到最后，寥琦又和张老师谈了几次，最终帮助她明白，儿子讨厌他们这种"溺爱＋成绩"的教育方式，建议他们不要再紧盯着儿子的成绩，也不要太过问儿子的学习，试着让他"自生自灭"一段时间。张老师犹豫了很久，最后答应试一试。

"他们是上半年来的，当时小勇还在读初二，我知道的消息是，小勇升初三的成绩不错，在班里名列前茅，和他平时的考试成绩相当。"寥琦说。

太听话的孩子最容易"被动攻击"

小勇的案例，是很典型的"被动攻击"。他从不主动对父母表达不满，这样的家庭也不允许他表达不满。那么，他在意识上就一切都听父母的。父母让他好好学习，好的，他就好好学习；父母要他明白一切都是为了他好，好的，他对父母说，他是多么爱他们，多么理解他们的苦心。

但是，在父母最在乎的成绩上，却出了问题，而每次看到大考成绩后的那丝快感，泄露了小勇的秘密：他在潜意识里不想考试。

小勇这样做，刺中了作为教师的父母的软肋，他们愤怒甚至感到羞耻，而这正是这个"乖孩子"潜意识深处的目的。他用这种方式，被动地对父母进行了攻击。

这种案例很多。如果父母以道德自居，那么孩子就可能会变成一个没有控制能力的"坏孩子"，莫名其妙地做一些坏事，被人发现就痛哭流涕，但一转身就又忍不住做"坏事"去了。一些有偷盗癖的孩子，他们家里很有钱，父母给他们的钱也很充足，同时父母也很讲道德，但他们就是常忍不住去偷同学一些很不起眼的财物。

曾奇峰接治过多名医生的孩子，他们的父母是什么方面的医生，他们就偏偏得那方面的疾病。

"这些家长常常觉得，自己最骄傲的地方让孩子给嘲弄了，他们为此而感到很深的羞耻，这恰恰是孩子在潜意识里希望达到的目标。"曾奇峰说。

他说，这些案例中的孩子，他们的父母有三个共同的地方：第一，对孩子的控制欲望非常高，他们生怕孩子遇到任何挫折，于是希望尽可能完美地安排孩子的一切，以防止他们遇到麻烦；第二，他们对孩子的期望很高；第三，他们不允许孩子表达对父母的不满，他们认为，孩子最好的优点就是听话。

请还给孩子一个独立空间

这三个特点结合在一起，会让孩子感到窒息，他们其实对父母产生了深深的不满，但不能用主动的方式表达出来，于是就采用了被动的方式。

"生命的价值在于选择，但做父母的常常忘记这一点，他们不让孩子去做选择，总是忍不住要替孩子做选择。"曾奇峰说，"但是，如果父母什么都替孩子做主，那么就无异于是在杀死孩子的生命。"

曾奇峰强调，这并不是哲学说教，其实是孩子们的切身感受。一个经常为自己的人生做决定的孩子，他的生命力是汪洋恣肆的，尽管因为年轻，他会遇到一些挫折，但那些挫折最终和成就一起，让他感觉到自己的生命是丰富多彩的，"更重要的是，这是自己的"。

相反，假如孩子只能按照父母的决定去做，那么，这些决定越正确，其窒息感就可能越强。一方面，孩子获得的资源越来越多，能力也越来越强；但另一方面，他的生命激情却会越来越低。他们感受到这一点，于是想对父母说不，但他们又一直被教育听话，所以连不也不能说了，只好用被动的方式去羞辱父母。

这会达到目的，因为控制欲望很强的父母，是经常会产生无能为力感的，他们常发现，孩子的确听话，孩子的确努力，路线的确正确，但好的结果就是不会产生。

"这是因为，孩子们在呐喊，'我讨厌你强势的安排，我要过属于我自己的人生'。"曾奇峰说。

要改善这一点，最好的方式就是适当放手，即父母给孩子制定一个基本的底线——认真生活不做坏事，然后放手让孩子去决定自己的人生，只在非常有必要的时候才去帮孩子。

并且，他强调，父母不要常打着"沟通"的名义，而迫使孩子必须和他交流，因为孩子和成年人一样，希望有一个隐秘的空间。如果父母太喜欢窥视孩子的所有秘密，那么这孩子势必会发展出一些特殊的方式来捍卫自己的空间，这是生命最基本的本能，因为"我"必须与别人拉开一段距离，只有这样"我"才知道，与任何人紧密地粘到一起都会阻碍我们成为我们自己。

曾奇峰说，他有两句最基本的心理学原则送给所有的父母：

如果孩子没有秘密，那么孩子永远不能长大。

如果父母什么都替孩子做主，那么就是在杀死孩子的生命。

被动攻击

很多人际关系是失衡的，一方明显处于强势，另一方明显处于弱势。并且，强势的一方攻击性很强，同时又不允许弱势的一方表达他的感受。

然而，任何人一旦被攻击，一定会感到愤怒，并想还击。一个关系不管多么失衡，这一点也不例外。

不过，弱势一方根本不能直接表达愤怒，那么，他们会发展出独特的还击方式。从意识上看，他们不敢违背强势一方的要求，不敢挑战强势一方的意志，在强势方的强大攻击下，他们唯唯诺诺，乖得不得了。

但他们会出现一些莫名其妙的状况。很简单的事情，他们做砸了；很容易兑现的承诺，他们却不守信……总之，他们常犯一些莫名其妙的错误，令强势一方暴跳如雷。

此时，强势一方看上去仿佛是遭到了严重侵犯似的。

这，也正是弱势一方的还击，是弱势一方潜意识深处的渴望。他们没有表达出强有力的愤怒，甚至没有表现出一点愤怒，但他们通过犯一些莫名其妙的错误来达到的效果，却和直接用愤怒攻击强势方没有什么两样。

这种心理机制，叫作"被动攻击"，也叫作"隐形攻击"。

高十二、初九与压力

有的孩子高中上了十二年，也就是说，高三读了十年。这是我们应试教育病态之处的极端展现。

不过，就高中的这些知识，需要重复学十年才能掌握吗？

北京师范大学心理系教授郑日昌的回答是，不需要！他认为，对于许多复读的孩子而言，他们在**复读中需要解决的不是知识水平问题，而是心理问题**。

这个心理问题，就是压力问题！

"我高七了，你高几？"这是百度"高考吧"一篇网文的题目。

本来，高中是三年，但我们流行复读，复读一年是高四，这名高中生已复读三年，但当年高考仍未考上理想大学，他决定再复读一年，是高七。

在"高考吧"，他并不孤独，旁边就有一个帖子是《一名高八生的自白书》，说自己复读到高八，终于考上大专了。

然而，这个帖子不过是"抛砖引玉"，引出了许多复读的神话。一个回帖说，他同学的哥哥复读读到高十二，但人家后来读到了清华的博士后。也有惨的，一个回帖说，他同学的一个亲戚也是为了考理想的大学而复读到高十二，最后累了就不再坚持了，而上的这所大学，他在高三时就能考上。

网络上的故事，不太可靠，但也有可靠的。

郑日昌教授在接受采访时说，他知道一个高十二的例子，还知道一个高九的例子。高十二的学生目标不高，只是为了考上本科，但那个高九的孩子就心比天高，每次都是上了大学后觉得那所大学不好，于是退学复读，结果复读六年，最终如愿以偿考上了一所重点大学。

只是，郑教授认为，这些孩子，复读这么多年，主要的功夫并不是花在学知识上，而是花在解决心理问题上。

郑教授说："他们的知识基础，其实在高三或高四，最多高五就已打好了，后来的复读，并非知识的查漏补缺，而是心理上的努力，主要是减压。"

复读两年后，她从初一开始读

这一点我深有体会。我没见过高七、高九甚至高十二的例子，但我读初中时有过一个初九的女同学。

我是在河北农村长大的，那时，我们那里流行从初中考中专或师范，以尽快实现"鲤鱼跳龙门"，从农业户口转到城镇户口。当时的竞争非常激烈，我这个女同学学习一直非常努力，初三时只以几分之差没考上中专。她复读，但初四、初五仍然以几分、十几分的差距没上中专线。这时，她对自己的整个知识基础产生了怀疑，居然选择从初一开始复读，但在"初八"仍然以几分之差没有考上中专。

她再次复读,到了我们班。

和她一起复读的,仅我们学校就有两百余人,一共八个毕业班,平均每个班有 20~30 名复读生插班进来。

说到这里,就要说一件很有意思的事情。初二期末考试,我考了全年级第 55 名(这时全是应届生)。初三第一次考试,我仍然考了全年级第 55 名,但已是应届生中第一名。

当时,我对这一现象百思不得其解,我没觉得自己超常发挥,也没觉得同班的优秀应届生对知识的掌握水平不如我,但为什么这一次忽然不如我了呢?想了半天,最后忽然明白,肯定是以前比我成绩好的那 54 名应届生,都被这两百余名复读生给吓坏了!

这也有道理,复读生比我们多学一年、两年甚至六年,基础知识应该比我们牢固,成绩应该比我们好……估计那些优秀的应届生,就是在做这种思考时被吓坏了。

但我是那种对别人的存在不太在乎的人,而且父母从不给我施加压力,所以麻木帮了我一个大忙,让我成了前 55 名应届生中唯一没有被吓倒的学生。

成功的秘诀只有两个字:减压!

明白了这个道理之后,后来每逢考试,我都睡得比别人多,吃得比别人香,玩得比别人爽……结果,我的成绩每逢大的考试都能向前蹦 10~20 名,等最后中考时,我仍然是应届生第一名,总成绩也是全年级第一名。不过,扣除掉不计入录取分数的历史、地理和生物这三门课的成绩,我就只是全年级前五名左右,但仍可以考上我中意的重点高中。

我那个女同学，也考上了她如意的中专，并且高出了中专线几十分。

她在初九这一年，究竟发生了什么，使得她的成绩出现如此大幅度的增长呢？

答案只有两个字：减压！

这要归功于我们的班主任，他特别会做减压的功夫。全年级八个班中，只有我们一个班有三四名应届生考上了中专师范和重点高中，而其他七个班一个都没有。这不是因为学生的素质和努力程度，而是因为我们的班主任经常对我们说："应届生怎么了？你们别小看自己高看复读生，好学生上初中三年足够了，别怕他们！"

所以，我们应届生没有感觉到太多压力。

同时，他也对复读生说："整天像老黄牛一样学习，你们累不累？学了一遍又一遍，你们烦不烦？你们不是知识没掌握好，是太把考试当回事了。"

所以，我们班的复读生在中考时发挥得也特别好。最后，我们一个班考上中专、师范和重点高中的，居然和其他七个班的总和差不多。

聪明父母懂得减压之道

压力太大，会把人压垮。但这么简单的真理，却好像只有少数人才懂得。

高三还没开始，就有一些即将进入毕业班的学生给我来信说，现在父母整天都盯着他们，要他们为了"人生最关键的战役"而好好学习，他们理解父母的一片苦心，很听话地一天连着一天地刻苦学习，但心里老想着："万一明年考砸了怎么办？岂不是太对不起父母？"考试焦虑就这样提前开始了。

通常父母这样做并非深思熟虑的结果，而是一种随大流或没有主见的做法。

"教育部给各地教育部门施加压力，各地教育部门给校长施加压力，校长给老师施加压力，而老师给孩子施加压力的同时，也给家长施加压力，而家长再给孩子施加压力。结果，孩子还没考试就被压垮了。"郑教授说，"此外，媒体凑热闹，交通部门凑热闹，警察也凑热闹……全社会都极度关注高考，这种压力最后全转化到孩子身上，你说他们能没有压力吗？"

随大流的父母，或者人云亦云的父母，会顺从这种压力流，和全社会一起给孩子施加压力。但聪明的父母，会用一些方法帮孩子分担一些，从而减少孩子的压力。

郑教授就这样做过，他有两个儿子，老大不爱学习，老二爱学习。"但不管老大，还是老二，都有老师时常找到我，要我督促孩子学习。"他说，"我理解他们，因为他们有教学任务，所以我会对他们说，放心吧，我会督促孩子。但他们一走，我就把这事扔到脑后去了。干什么呀，孩子们够累了，再说督促只能好心办坏事，真要为孩子考虑，就要学会为孩子减压，而不是加压。"

用这种方法，郑教授成功地给两个儿子减了压。后来，他的小儿子去了美国留学并留在美国工作，而大儿子只有高中文凭，但"他挣钱比我多多了，最重要的是，他活得很快乐，这比什么都重要"。

和孩子一起直面高考失利

高考是独木桥，为了督促孩子通过这一独木桥，很多家长喜欢高压政策，也喜欢只用成绩上的得失评价孩子。高压政策的结果就是，孩子面对挫折时非常脆弱。尤其是那些成绩一贯出色的孩子，他们无法独自承受高考失败的打击。

每年，我都会听到一些例子，因为无法化解高考发挥失常，一些孩子最终患上严重的心理障碍。

每年高考成绩公布之后，相信都会有一些孩子要遭遇他们无法面对的事实——高考落榜或考不上中意的学校。因此，我想通过讲一个过去的故事，让这些孩子和家长懂得该如何去面对这个挫折。

这个方法并不难，概括为一句话是：**父母真诚地和孩子一起承担挫折**。孩子脆弱的承受能力是果，父母的高压政策是因，所以，孩子难以承受也不应该独自承受这个挫折。在中国，高考不只是一件个人的事情（虽然我很期望父母们能这样看），而是全家的事情。所以，失败了，父母要学会与孩子一起承担。

当然，对那些从不干涉孩子并尊重孩子独立空间的父母，我认为不需要这样做，因为他们的孩子有足够的承受能力，能独自处理这一挫折并从中获益。

"从高考结束到现在，我已接到五名毕业生的求助电话，"咨询师袁荣亲说，"他们预料自己的分数会比较糟糕，他们不知道该如何面对这个事实。"

表面上，这个事实是分数低，难以考上中意的大学。实际上，这个事实是担心别人瞧不起自己。

也就是说，**他们怕的其实不是失败，而是怕被人否定**。所以，他们最经常采取的措施就是，封闭自己，不和人打交道。

广州市某重点高中的毕业生小丁在电话中对袁荣亲说，他每天一早会逃出家门，很晚才回来，就是因为担心父母老问他：你考得怎么样呢？"我觉得这次肯定考得不好。"小丁说。照他平时的成绩，他应该能考上中山大学这一档次的重点大学，但他仔细预算了分数后，认为自己只能考上一般的本科。

"父母对我期望很高，我不知道怎么对他们说。"他说。

并且，逃出家门后，他也不敢去找同学，而是尽可能躲在能避开一切熟人的地方。偶尔，当父母要去亲戚家串门时，他也是找各种借口不去，因为他有一个表弟和他同时高考，表弟估分很高。他说，一想到亲戚会拿他和表弟做比较，就觉得很难受。

"其他四个毕业生的情况大同小异，"袁荣亲说，"让他们做评估时，他们最害怕的，都不是自己的前途，而是被人看不起。"

之所以会如此，是因为他们的父母在多年的教育中，就是这样做的。当孩子成绩好时，他们非常看得起孩子，夸奖他们，并给他们各种奖励；当孩子成绩糟糕时，他们非常看不起孩子，指责他们，惩罚他们。

这样做的父母们会说，他们的动机是好的，但是，这种极端的教育方式会让孩子认为，高考——这个最关键一步的失败，意味着对自己的终极否定。

案例：自闭的失败者

没有人愿意面对这种终极否定，为了逃避这种终极的否定，他们会发展出一些病态的行为方式。

阿兰在家里自闭了两年后，苏太太才意识到自己女儿问题的严重性。直到高中毕业前，阿兰一直都是被同龄人艳羡的对象。她聪明、漂亮、性格活泼，有领导才能，而且一直是一所重点中学的尖子生，每个人都认为，她起码会考上复旦大学那一档次的重点大学，如果超常发挥，说不定可以考上北大清华。并且，大学毕业后，她的人生也一定会是一条康庄大道。

但是，一帆风顺的她恰恰就在高考中考砸了。不知道为什么，她在高考中失去了感觉。她一点都不紧张，也一点都不兴奋。结果，最后她的成绩只能上一所再普通不过的本科学校。

阿兰希望复读，但苏太太反对。她常用高压方式教育女儿，譬如，如果女儿考不了全班前三名，就罚女儿跪半个小时面壁思过。但是，她对袁荣亲说，这些高压方式其实只是一个策略，她希望能通过严厉的奖惩方法，督促女儿考上如意的大学。但是，如果女儿发挥失常，只能上一所普通大学，她也能接受。并且，她看到太多复读的例子，整体上并没有什么更好的结果，所以她不想让女儿冒这个险。

阿兰尽管不情愿，但最后还是按照妈妈的安排读了大学。但是，她的性格发生了巨大改变。首先，她不愿意再和高中同学联系，她对妈妈说，她担心别人嘲笑她，更讨厌别人的同情。她也拒绝和大学同学交往，其理由是

"他们根本不配和我做好朋友"！她也瞧不起自己所上的大学，因为"学校小得可怜，老师也是一群没有素质的人"。

同学们意识到了她的态度，于是联合起来孤立了她。最后，她连课都不愿意上了，成绩越来越糟糕，大二读到一半时，她退学了。

分析：自闭＝逃避否定

退学后，阿兰把自己关在卧室里，闭门不出。她不和任何人打交道，也不和父母说话。刚退学时，她还上一上网，在网上和陌生人聊天，但一年后，她干脆连网也不上了，只是整天躺在床上睡觉。

中间有一次，她跟着重点大学毕业的表姐去北京玩了一趟，并参加了表姐的一次聚会。但从此以后，她连重点大学的学生也瞧不起了。"你的那些同学，怎么都那么俗呢？聚到一起，除了谈吃，就是谈穿，要不就是谈嫁人，你们怎么就没一点追求？"她对表姐说。

对这个案例做了一些了解后，袁荣亲分析说，阿兰已到了精神分裂症的前期，这不在他的诊所治疗的范围之内，于是他将阿兰转介给其他医生。

"阿兰的问题难以治疗，但却不难理解，"袁荣亲说，"她把自己关起来，不和任何人打交道，甚至不和父母说话，这种极端自闭的状态，其实都是为了逃避来自他人的否定。"

他认为，现代教育的一个悲剧是，许多家庭为了让孩子集中精力学习，不让孩子参与任何其他事，只是一门心思学习，于是许多孩子就只培养出了一个心理支柱——好成绩。一旦这个支柱垮了，孩子的精神世界就崩溃了。

苏太太认为，她的高压方式只是一种策略，她可以拿得起，放得下。但殊不知，女儿已把她的高压内化成自己人格的一部分，已经很难从身上剥离。

譬如，如果阿兰考不到全班前三名，苏太太就罚跪。一开始，苏太太要监督女儿这样做。但后来，即便没有她的监督，女儿会自动地跪半个小时思过，并认为这完全是理所应当的，"考不好当然要自我惩罚"。

这一切的高压方式都是为了争取最后一个终极结果：高考的成功。而这个终极结果的失败，对于阿兰这样的女孩而言，无疑意味着终极否定。

这种终极否定的压力太沉重了，所以，阿兰要逃。她不和高中同学来往，是因为怕被高中同学瞧不起。

更重要的是，她自己内心深处瞧不起自己。"你怎样看自己，你就会怎样看别人。"袁荣亲说，"阿兰在大学期间，瞧不起学校，也瞧不起老师，实际上是她自卑心理的外移。非常自卑或自责的人，会在挑剔别人或责备别人的时候宣泄掉一些积压的不良情绪。"

高中毕业后，阿兰所做的一切，都是为了逃避内心深处的自我否定。但这种自我否定来自她自己，不会因为她挑剔否定别人而消失。最后，她只有逃到彻底封闭的状态下，不和任何人交往，那样就绝对不会再被别人瞧不起了。

然而，她的自我否定，却不会因为她的彻底自闭而消失，反而会因为彻底自闭而更强烈。毕竟，这个状态下，她再也找不到别人可以指责，从而宣泄掉自己的一部分不良情绪了。

治疗：妈妈向女儿道歉

大约自闭了两年之后，苏太太才决定给女儿找心理医生，这已经太晚了。袁荣亲说，如果能够早一点让心理医生介入，阿兰的问题就不会发展到彻底自闭的状态。

如果能够早期介入，袁荣亲说，他会建议苏太太向女儿道歉。这是很关键的一步，因为阿兰和许多孩子一样，认为高考失败是她一个人的责任，毕竟是她在考试而不是母亲在考试。

但是，独自承担这个终极的否定，实在太痛苦了。所以，阿兰拒绝直面这个事实，从而不断地逃避。

这个时候，如果苏太太对女儿真诚地道歉，告诉女儿说："我错了，我不该用那些错误的方式给你制造压力，我要为这一切向你表达深深的歉意。"

那么，这样一来，阿兰就会感觉到，她不是独自在承担这个压力，也就不会那么痛苦，从而就能直面高考失败这个事实。

做到这一点后，他还会建议苏太太对女儿说："你爱我，但我利用了这一点来控制你，我不应该这样做。现在，我想对你说，你是我的女儿，我爱你，无论你怎么样，我都会无条件地爱你。"

当然，道歉只是开始。如果道歉足够真诚，做妈妈的接下来一定会遭遇新的挑战：女儿会指责她，一开始可能只是零星的指责，但接下来会像潮水一样汹涌而来。

这个时候，做妈妈的不要做任何自我辩解，而只是倾听，让孩子倾诉，并且告诉孩子："我很难过，我很抱歉，我不知道你有这样的想法，我过去一直忽视你的感受，一直不理解你。"

指责达到高峰时，孩子可能会有失公允，会有把所有责任都推给父母的倾向。这个时候，做父母的仍然不要去辩解，他们最后会发现，这只是一时的，孩子到了最后经常会号啕大哭一场，然后对父母表示谅解。

"这是一个艰难的过程，"袁荣亲说，"真诚地承担错误教育方式的责任，并不是一件令人愉快的事情。但如果想把孩子从高考失败中拯救出来，他们一定要走出这一步，毕竟，他们的高压教育方式的确给孩子制造了太多的痛苦，他们要有勇气承认这一点。"

当父母做到这一点后,那些觉得受到了终极否定的孩子才会有勇气面对高考失败这个事实。

接下来,袁荣亲说,他会帮助孩子们重建自己的价值感。他会帮助孩子们理解,高考只是人生长河中的一个环节,它虽然很重要,但这一个环节的失败并不意味着整个人生的失败。相反,如果你坦然接受了高考失败这个事实,就可以真正理性地选择新的道路,而不是在懊丧和痛苦中度过未来的日子。

家有失败留学生怎么办

麻省理工学院和哈佛大学是世界上很有影响力的两所学府，将自己的孩子送进这样的学校，应该说是中国家长们顶级的梦想了吧。

然而，毕业于麻省理工学院的郭衡在28岁时自杀，毕业于哈佛大学的邓琳成为一名精神分裂症患者。

我在多年的咨询经验中，见过许多个案，也听过许多故事，都是父母眼中骄傲的孩子在休学或退学后一蹶不振。其中很关键的是，父母一开始没有意识到事情有多严重，也不知道自己的行为模式是孩子的噩梦，从而没有及时地帮到孩子。

那么，家有失败留学生，父母该怎么办？

邓琳从哈佛博士跌落成为一名精神分裂症患者，其中关键是，父母试图将她打造成一个学习上无所不能的孩子，但却通过干涉她一切选择，向孩子转嫁了你什么都做不好的无助感。

自恋与无助的分裂，个人意志与父母意志的分裂，绞杀了她的精神生命。一方面，她觉得自己很了不起，但这仅仅限于学业上，而其他方面，特别是与人际交往有关的方面，她会发现自己很无能。这种时候，她不知道自己是该继续维持那了不起的感觉，还是面对无助，最终导致分裂。

当然，事情的关键是如何处理无助，这一点当事人和家长都应有充分的意识。

我曾处理过一些出国留学但受挫后回国的个案，还有一些在国内中学受挫的个案，因此，想强调几点。

一、孩子心理问题严重程度远远超乎父母想象，这时的选择题不是能不能重新留学，圆父母的面子，而是孩子能不能活下来，精神能不能恢复。

二、孩子这时都需沉睡一段时间，独自舔伤口疗伤，他们通常会选择关闭房门，自闭一段时间，父母请理解这一点。

三、除非父母真的认识到了自己的错误，深切地知道了自己是如何伤害孩子的，并向孩子做出了真诚的道歉。否则，不要轻易去叩开孩子的心门，因你势必会带着旧有模式闯进去，而这是孩子受伤的根本原因。切记，根本原因不是留学环境，不是孩子承受能力差，而是你们制造了他的痛苦。

四、请不要找并不真正理解孩子的其他亲友和孩子谈话，除非这个亲友能聆听孩子的心声，而不是给孩子讲道理，让一切讲道理的人远离孩子的房门——也即心门。任何人要进入孩子的心门时，请先问问自己：你是否懂得他的痛苦，你是否站到他这一边，若不是，请不要进去。

五、好好照顾孩子，给他做好吃的，这非常重要。这时，孩子会退行到心理年龄很小的阶段，口欲的满足会给孩子带来很大的安慰。妈妈做这一切尤其有疗愈作用，因这是妈妈再一次哺育孩子。之前没哺育好，现在补课吧。并且，若孩子不吃，不要一遍遍问他，让他暂时留在自己沉睡的世界里。

六、再次强调，沉睡很重要，他的心其实已成碎片，他需要慢慢整合，而且这时他对外部世界的敌意非常敏感,需要时间先将心拼起来,再接受外部的帮助。

请父母再次记住,你一定要在很深刻地认识到你的错误后,再进入孩子的房间,要先向他诚恳地认错,并且要预料到,孩子会向你表达强烈的愤怒,这是你必须承受的。

七、不要要求他保持一个什么作息制度。当然,若你是这样的孩子,你看到我的文字,我建议你能保持一个最基本的作息制度,但做不到也没关系。然而,父母不要以此要求孩子。他们这时没有心力这么做。

八、当你忍不住想和孩子说话时,问问你自己,你很焦虑吗?你是不是很无望?若是,不要向孩子开口,去找你最好的朋友和亲人聊天,哪怕发泄。但不要带着焦虑与无望和孩子谈话,孩子会捕捉到你的焦虑和无望,这会进一步击倒他。

九、要准备好一个足够长的时间让孩子疗伤——譬如一年,也给你和配偶一个足够长的时间重新反思你们与孩子的关系,也包括你们之间的关系。这看似是一个坏事,但却是一个机会,让你们的家庭重新调整各种关系。

十、你自己要努力看到希望,不要向孩子索求希望。特别是,不要把你自己弄成一个受害者的样子出现在孩子面前,你不能通过自虐的方式来逼迫孩子给你希望。让他感觉到愧疚,这在一般时候有用,这种时候只会令孩子厌恶你,同时也痛恨自己。

十一、请懂得,这不是你偶然遇到的灾难,不是一个小挫折导致孩子如此,而是你与配偶长年累月带给孩子痛苦,才导致今天这个结果。这是你的家庭必然会遭遇的事件,但这个事件会带来一个巨大的契机,让你们所有人重新认识自己,重新修复各种关系,这是最有价值的一点。

如何一年圆"北大梦"

我曾收到过许多高三学生的来信,讲述他们对未来一年的种种担忧、种种困惑。为此,我整理了自己高三一年的经历,还有我所了解的一些故事,希望通过对这些故事的心理分析,能对高三毕业班的学生有所启迪。

在文章正式开始之时,我要先强调一句话:高三一年的时间,足以创造奇迹!

突破一点,改变预言

高二下学期的期中考试,我考了全班第 29 名。按照这个成绩,连一般本科都考不上,心里一下子着急起来,怕辜负父母的期望,所以发誓要努力学习。

当时,我决心先把化学学好。我下力气重新自学化学,力求不放过一个知识点，同时也买了一本很棒的题集，里面对化学知识和化学题的解释又有趣又漂亮。

我学得非常投入，完全没想过能收到什么效果。结果完全出乎我意料：期末考试，即高三升学考试，我的化学成绩考了全年级第一名。总成绩是全班第 11 名。

化学成绩全年级第一从心理上给了我极大的震撼。我做梦也没想到，只付出两个多月的努力就可以在一个不擅长的科目上取得年级第一。以前，整个高二期间，我的化学和物理经常考六十多分（总分 100），最初甚至因为这种成绩还想过调到文科班去。

高一时，我也取得过全班第 11 名的成绩，那是我以前最好的成绩。因为这种成绩，再参考学校的历届成绩，我给自己的定位是：发挥正常的话可以考上一所好本科，发挥好的话有望考一所普通重点大学，发挥超常的话说不定能考上吉林大学、天津大学这样的好重点。那时，吉大和天大是我最大的梦想了。

但是，化学年级第一这个成绩突破了我的想象空间。一个我本来如此害怕的科目，居然可以通过两个月努力就成为全年级第一。那么，如果其他科目也发生这种变化呢，是不是，我就可以……可以梦想一下清华、北大和复旦？

一想到这儿，我兴奋得手发抖。当然，我仍然认为这是一种幻想，因为高三只有一年时间，而我没有一个优势科目——除了刚发现的化学。但化学，这是不是一个肥皂泡呢？我心里仍充满怀疑。

但是，不管怎么说，这个成绩改变了我对自己的预期，让我偶尔也免不了会做一下名校梦。

"这是梦，只是梦，"我常对自己说，"但想象一下又怕什么呢？"

自我实现的预言

心理学上有一个名词：自我实现的预言。意思是，如果相信自己行，你最后就能行；如果怀疑自己不行，你就会退步。

高三升学考试的化学成绩，就让我改变了自己的预言。

以前，我的最好成绩也是全班第 11 名，但各科成绩平均，没有一个优势科目。我给自己的定位一直是，我是一般好的学生，那些优秀学生，一定有很多地方比我强，是我难以超越的。我和班里的所有成绩优秀的男同学关系都不错，在他们面前，我一直有一种自动思维：他们比我强。但这次的化学成绩改变了我的自动思维。我发现，我可以比他们更强！

按照"自我实现的预言"的理论，这种信念就相当于改变了我的预言。以前，我预言自己不如优秀学生，结果这个预言实现了；现在我预言自己会比他们强，而接下来，我这个预言开始不断实现。

预言需要基础

这样的例子很多。我的同桌，高一上学期成绩一直和我相当。有一次，他生了病，在家养了一个月。等病好返校后，离期末考试只有一个星期了。他豁出去了，结果考试心态出奇地好，在期末考试中居然进入了全班前五名。这次经历改变了他的预言，他以前以为自己就是 11~15 名，但从此，他的预言定位到了前五名。结果，以后两年半里，他的成绩从没有掉下过前五名。

前年冬天，我一个朋友的表弟对高考失去了信心。他是复读生，第一次高考因为发挥失常，于是选择了复读。但高三第一个学期的历次考试中，他的成绩非常不稳定，忽上忽下。他心中忐忑不安，担心自己重蹈覆辙。我向他讲了"自我实现的预言"这个概念，告诉他"要相信你的最好成绩，因为那是你抵达过的境界。如果你相信它，那么你一定会重新抵达那里"，这句话对他震动很大，他重新拾回自信，成绩逐步稳定下来，即便偶尔一次发挥失常，他也不再在乎，因为他知道"如果你在乎这次失常，就是相信了它。它会成为消极的预言，让这样的失望重演"。最后，他在高考中正常发挥，被南京大学录取。

预言要有基础。譬如，没有那次化学成绩，我很难做"北大梦"；没有那次全班前五名，我的同桌也不会有那样的预言。我那个朋友的表弟没有以前的成绩，他也很难相信"南大梦"的预言。

简单说来就是，**如果你抵达过某种境界，再做这样的预言，你自己就容易相信**。我在化学成绩上取得了年级第一，由此开始憧憬其他科目也去争取类似的成绩。这种憧憬，是扎实的。

由点到面，逐步突破

进入高三后，我将物理当成了第二个突破口。两个多月后，在高三上学期的期中考试中，我的物理成绩也取得飞跃，基本考了满分，那是我高一以来的物理最高分。同时，化学成绩仍然在年级名列前茅，证明我高三升学考试中的成绩并非昙花一现。

到了高三上学期的期末考试，最令我欣慰的是，数学成绩也有了巨大进步。其实，我最害怕的还是数学，因为高一就没打好底子。我的同桌数学成绩在班中最强，他建议我从高一数学开始扫漏洞，力求不放过一个难点和疑点。其实，我在化学和物理中都是这么做的，并且，在攻坚化学和物理时，我一直将数学当作第二重点,做好了打持久战的准备。

经过半年多的努力后,扫漏洞工作终于宣告结束,在高三下学期的第一次模拟考试中,我的数理化成绩都在班中名列前茅。虽然这次考试只得了全班第 19 名,但因为是整个高中三年数理化成绩首次都名列前茅,还是有很大的成就感。毕竟,这证明我在这三科上下的苦功是行之有效的。

整体大于局部之和

心理学中一个著名的观点:整体大于局部之和。将这个概念引申过来,可以得到一个很好的战略观念:要将高三一年视为一个整体来对待,不要为局部的得失而过于得意或苦恼。

对我自己来讲,在高三半年多的时间里,我的最好成绩其实仍然是高三升学考试那次的全班第 11 名。那也是唯一的一次,我有一科考了全年级第一。如果拘泥于局部观,我应该懊恼才对,因为我的成绩一直不升反降。

但是,我几乎从未因此苦恼过,因为我将高三一年视为了一个整体,所有的努力都是为了最后的结果,至于中间的成绩,进步了,可以欣喜,证明自己提高了;倒退了,也可以欣喜,因为得到了经验和教训。进步也罢,经验教训也罢,对最后的结果都有益。我从不执着于一次成绩的得失,因为我坚信:努力,总不会错!

我相信,只要努力,就会进步,就会提高。一时的成绩升降,都有偶然,而努力必然有收获。并且,我在化学上努力,化学成绩就提高了;我在物理上努力,物理成绩也提高了;我在数学上打持久战,成绩也提高了。这也证明了我的信念——努力,总不会错!

会学习，还要会考试

数理化成绩都提高后，我将英语当成重点突破对象，向每个英语好的同学认真请教学英语的方法。有两个同学给了我很重要的建议，结果英语的感觉也越来越好。

但紧接着，我遭到了高中三年来最大的一次打击：高三下学期的第二次模拟考试中，我仍然考了全班第 19 名。而且，除了化学，其他各科都没有考好。

为什么会这样没道理呢？

在离高考仅三个月的时候，这个打击很重。我非常郁闷，于是一个人到学校附近的铁路旁散步。我重新估量了一下形势，最后断定：我没有发挥好。我做数理化难题的功力，全班少有人能比，所以数学和物理的成绩没有反映出我的真正水平。至于语文，我读的文学类书籍、看的文学类杂志，全班任何人都没法和我比，而且高中所有要求背的课文、诗歌，我全背过了。还有政治，我几乎整本书都背过了，考试却没及格……实在是没有道理啊！！！

但是，为什么会这样呢？为什么我的知识水平很高，却考得那么差呢？

正在思考的时候，一列火车轰隆隆地从我旁边飞速驶过。因为思考得太专心了，我一开始没听到它过来的声音，吓了一大跳。凝视它的时候，我忽然茅塞顿开：火车质量再好，也只有在火车轨道上才能跑得快，在公路上，它就跑不动；你知识掌握得再好，也只有走上考试轨道才能取得好成绩，上不了这个轨道，也拿不到好成绩。

暂停学习，钻研考试办法

这个顿悟来得太及时了。接下来，我果断地决定，除了英语，其他所有科目都停止重复学习。

我相信，除了英语，其他科目的知识我都掌握得非常好了。接下来，我首先要专心思考，怎么能在每一科上"走上考试轨道"。那时，我每天都写日记，内容几乎全是思考怎么考试，且一旦想到方法就立即自己做模拟题进行检验，一旦觉得不对就立即改变。

好像差不多用了两个星期，我就对每个科目怎么考试都有了很多体会，接下来就是按照这些体会，把每个科目的知识点梳理一遍。这种工作的效果远远出乎了我的预料。在离高考还有19天的第三次模拟考试中，我的语文、政治和生物都考了全年级第一名，总成绩列全班第一。这是我高中三年第一次进入全班前十名。

高考时，我仍考了全班第一，这证明"考试轨道论"和后来的考试方法经住了考验。

不过，作为考试上的"暴发户"，我的成绩并不能让我进入我选择的生物化学系或无线电电子系，最后，我被拨到了心理学系。这是一次命运的安排，我只读了一个月的心理学书籍，就喜欢上它，认定这正是我喜欢的专业。

挫折商

这个"考试轨道论"的顿悟固然重要，但更重要的是，这个事例表明了挫折的价值。

心理学认为，经历的多样性比经历的单一性更好。顺利会帮助一个人形成一个方向的思维，挫折会帮助一个人形成另一个方向的思维。如果总是一帆风顺，那么一个人的思维就容易陷入单向度思维，对事情的考虑容易片面；如果一个人总是遭受挫折，那么这个人的思维也容易陷入单向度思维。最好的经历就是，既顺利过也遭受过挫折，这样的经历会帮助一个人形成多向度思维。

所以，在智商、情商之后，心理学家又提出了挫折商。所谓挫折商，就是一个人在应对挫折时形成的一些良性的应对方式，一定程度的挫折可培养一个人更强的心理承受能力，也可培养一个人的多向度思维，让一个人考虑事情更全面。

在北京大学读大二的时候，一天夜里，我忽然从睡梦中惊醒，发现同宿舍的同学都挤在窗户前向外看。外面，一个全身赤裸的男同学边跑边喊"我是北大的，我是北大的"。显然，他疯了。后来知道，这是我们楼下数学系的一个同学，上大学前一直在学校里是成绩最好的，但上了北大后，发现自己只能考中等程度的成绩。他无法接受，越来越自卑。在这种心态之下，他已经很难静下心来学习，结果在最近的一次考试中有一门数学课没及格。于是，他一下子彻底崩溃了。

因为过于一帆风顺，这个同学的挫折商太低了，这导致他无法承受新的挫折。所以，要珍惜一些学习上的挫折。要知道，一些考试挫折不仅暴露了我们学习上的弱点，让我们查漏补缺，也可以培养我们的挫折商，这是一种很重要的心理财富。

对我来讲，这次挫折直接让我形成了"考试轨道论"，让我在高考中受益。从长远来说，我后来又发明了多种"轨道论"，它们成了我认识世界的钥匙。无疑，这次挫折大大提高了我的挫折商。

站在考官的角度上看考试

"考试轨道论"的顿悟很重要，但怎样才能跑上考试轨道呢？

我当时想出了很多大大小小的考试方法，几乎每一科都找到了几个。不过,最重要的是,我有了一个全新的看待考试的角度:站在考官的角度上看考试。

这个顿悟源自对政治的思考。我是1992年的考生,那几年的考生都知道,政治的多项选择题不是考你的知识点,而是像故意难为你,就算把政治书背得滚瓜烂熟,也不知道怎么做多项选择题,错一半甚至更多的选择题是非常正常的。

怎么解决这个问题?为什么题目出得这么"变态"?考官为什么这么出题?最后,我脑子里忽然间跳出一个意识——不要站在学生的角度上看考试,要站在考官的角度上看考试。

这个意识的形成很重要。以前,我和其他同学一样,总是抱怨政治考试"变态""没法理解""有毛病",等等。之所以这样抱怨,是因为自己站在学生的立场上,将考官视为敌人,视为神秘的、不可理解的、但又能决定自己命运的人。但如果换位思考,站到考官的角度上去思考"他们是怎么想的""他们为什么这样出题",那么,敌对的心态就会消失,考官也就不再神秘和高高在上。

如果我是出题人……

形成这个意识后,我重新站在考官的角度上梳理了一下政治课本。每到一个知识点,我都思考一下,如果我是出题人,我会怎么考这个知识点。

再就是论述题。我也产生了新想法。政治老师指导说(估计当时的政治老师都会这样教育学生),在做论述题时,要尽可能多写,多涵盖知识点。但我一站在考官角度上,就想到,哪个考官愿意读这种答案?我断定老师教的是一种低级的考试技巧,针对的是那些没有掌握好知识的学生,而更高级的考试技巧是,用清晰的逻辑结构、简练的语言把论述题的答案写成一篇篇小作文，让考官读起来舒服。

当时，我甚至达到一种"变态"的境界，能够感受出出题人是严格还是宽松，从而决定在做选择题时标准严格些还是宽松点。

这两个考试方法的效果只能用可怕来形容。二模我政治只考了五十多分（满分100），三模考了83分，是全年级第一名，提高了近30分，高考仍考了80分，列全年级第二。

设身处地为别人着想

美国心理学家罗杰斯提出了"来访者中心疗法"。他认为，心理医生的专业知识掌握得再好，如果他不能站到来访者的角度上，设身处地地为对方考虑，感他所感，想他所想，治疗很难有好效果。

把这个概念放到高考中，就可以明白：如果学生只是站在自己的角度上看考试，就很难理解考试的规律。并且，如果不进行这种换位思考，学生就很容易和考官较劲。譬如，一个学生可能会想，虽然我的字写得乱了点，但总能看得清楚，阅卷的老师会理解我的。但如果他站在阅卷老师的角度上思考问题，立即会明白，看到一个乱糟糟的卷面，肯定不会愉快，而看到整洁的卷面，心情立即会不一样。这样一想，你就会真正明白整洁卷面的价值。

形成"要站在考官的角度上"这个意识后，我又重新反思了每一科的考试方法，当时的小顿悟相当多，也找到了许多考试方法。不过，我是1992年参加的高考，现在这么多年过去了，已记不得太多了。记住也没什么价值了，毕竟现在的考试，应该会与那个时候有很大不同，生搬硬套肯定是吃亏的。但是，换位思考和"考试轨道论"肯定依然有特殊价值。

最后，我想向毕业班的学生和家长说一句，能上北大、清华等名校固然好，上不了也没所谓。我的同班同学中，只有我一人考上北大，但很多人现在远比我成功，比我活得更好。

如果说，对高三要有一个整体看法，就是不要拘泥于一次考试的得失，那么，我们对人生也应该有一个整体观。即便在高考中遭受了什么挫折，我们也要永远努力，永远向前进。这样的话，高考中的成败得失放到整个人生中，就显得并不是那么重要。

教孩子知识，不如给孩子爱

父母与孩子的关系模式，是孩子与其他人建立关系的基础，也是孩子的人格和情商的基石，这比知识更重要。

国内知名的心理学家曾奇峰说："一个人的现实人际关系，是他内在的客体关系向外投射的结果。"

这句话中所谓的客体关系，指我们心理中内化的"我与重要亲人的关系"。"我"是主体，而重要的亲人是客体，这个关系就被称为客体关系。

一般而言，最重要的客体就是父母，而这个客体关系，主要是指一个人内化的自己与父母的关系，它基本在一个人五岁前完成。

这个客体关系有三个部分："内在的我""内在的爸爸"和"内在的妈妈"。它们之间关系的性质，决定着我们长大后与其他人交往的方式。如果童年时，我们与父母的关系模式比较健康，那么我们长大后与别人相处时也会比较健康。如果童年时，我们与父母的关系模式不正常，那么我们长大后就难以与别人健康相处。

> **因：父母不喜欢她**
> **果：上司不喜欢她**

广州女孩阿云每进入一个公司时，上司和同事都比较喜欢她，但是，工作没多久后，上司和同事都开始疏远她，她最后会在公司中成为孤家寡人。

这种情形，完全拷贝了她童年时的人际关系模式。她的父母忽视她，而将大部分的爱给了她的弟弟。她内在的客体关系中，"内在的我"不相信会得到"内在的父母"的爱，而且一旦要与弟弟竞争的话，她永远都是失败者。结果，在现在的现实人际关系中，她也不相信能得到上司的爱，而一旦要与其他同事竞争，她一样永远是失败者。但是，这种人际关系，其实是她"营造"的。

其实，每进一个公司的一开始，她的上司和同事多数都对漂亮的阿云颇有好感。但因为早已经形成不良的客体关系，她不相信她能赢得上司和同事的好感，接下来会有意无意地做很多事情——常见的是拖延和遗忘，最终把她在公司的关系变得和她童年时在家里的关系一模一样。

做父母的，总想着要"教育"儿女，培养儿女的素质和能力。但实际上，在儿女年龄比较小的时候，远比这一点更重要的是他们与儿女的关系。这种关系会被儿女内化到他们内心深处，不仅成为他们人格中最重要的部分，也会成为他们情商的基础。很多没有得到比较好的教育的孩子，长大后却能屡屡突破各种限制，最终获得事业和家庭上的成功，其主要原因是在他们童年时，父母与他们的关系非常健康。

> **因：父母总是鼓励孩子**
> **果：三兄弟皆成企业家**

譬如，我的一个朋友说，他年轻做推销时，从来都不怕被别人拒绝。无论被拒绝多少次，他下次仍然能情绪高涨地敲开客户的门。他说他内心深处相信，他一定能打动对方，赢得合同，"没有我拿不下的合同"。

后来，聊到深处，我了解到，他的家庭关系非常健康，他父母从来都是鼓励孩子，而不是对他们冷嘲热讽甚至棍棒教育，无论他们遭遇到什么挫折，父母都会坚定地说，他们一定能行。结果，我这位朋友，还有他的两个哥哥，现在都是有数百万乃至千万身家的企业家。

需要强调的一点是，他们三兄弟最高学历也都不过是大专毕业，而且父母都是农民，家境一直非常贫穷。

形成鲜明对比的是另一个例子。一对音乐家父母，他们希望一对儿女在二胡上有所成就，于是从小就对他们进行堪称残酷的棍棒教育。譬如，一次儿子一边拉二胡，一边偷偷地看小说，结果被妈妈发现，然后遭到了一顿暴打。

这对父母的教育是"成功"的，他们的儿女长大以后本可以拉一手出色的二胡，但是儿子拒绝拉二胡，他说他恨二胡，这辈子再也不想碰它。女儿倒是还拉二胡，但与父母基本断绝了来往，因为她无法压下内心的恨。

父母残酷地对待儿女，而儿女也学会残酷，儿子是"残酷"地对待二胡，而女儿则残酷地对待父母。

不仅如此，多数在棍棒教育下长大的孩子，他们成年后，无论多么想与这种关系模式决裂，心中仍然会涌动着强烈的、难以排遣的恨意。

在国内知名的天涯论坛上有一个题目为《曾多次毒打、侮辱子女的父母们，你们给孩子跪下！》的帖子，其中一个受过父母虐待的网友写道，她尽管很想做一个好人，但一看到柔弱的东西，譬如小孩子、小狗、小猫或其他小动物，就忍不住想折磨它们。这其实就是她内心的客体关系向外的投射，这种投射不会因为我们意识中多么想做一个好人就能终止，这必须有非凡的努力和强大的反省能力才有可能走出来，并营造自己新的、健康的客体关系。

当然，父母与子女的糟糕关系，并不仅仅因为极端的棍棒教育，还有很多很多种原因，最常见的是忽视。

乖女儿，你可真黏人啊！

2006年，我出差去俄罗斯，在莫斯科机场的候机厅，看到了这样一幕：

一个四五岁的小女孩，长得像天使一样漂亮，穿着也非常精致，她的又帅又有气质的老爸，在长椅上静静地读书。

和我们一样，他们也去叶卡捷林堡——俄罗斯第三大城市，在近一个小时的等待时间里，小女孩不断地纠缠她的爸爸。她很轻很轻地走到爸爸旁边，仿佛生怕打搅他，然后很轻很轻地拉一下爸爸的胳膊，对他说点什么。

但爸爸没一点反应，不说一句话，不吭一声，胳膊仿佛钢铁般一动不动，也不看女儿一眼，仿佛女儿所做的一切完全没有发生，仍然全神贯注地读他的书。

女孩觉得有点无聊，于是离开爸爸，自己去玩。过了几分钟后，她忍不住又来纠缠爸爸，仍然是很轻很轻地拉一下爸爸的胳膊，说点什么，但爸爸仍然完全没有一点反应，继续全神贯注地读他的书。女孩无聊地离开，过了几分钟后又来碰一下爸爸。

…………

这样过了约半个小时，女孩彻底打消了要赢取爸爸关注的努力，开始自己玩，她一会儿跳下舞，一会儿唱下歌，但动作很轻，声音也很轻，仿佛生怕打搅周围的人。

再过了半个小时后，登机时间到了，这位老爸合上书并放进行李包，把女儿喊过来,然后非常非常轻地拍了一下女儿的头,那眼神仿佛在说:乖女儿,你可真黏人啊!

小女孩则羞涩地笑了一下,那种微笑中,有一点自责的成分,仿佛在说:"爸爸,我知道自己错了,可我真是有点寂寞啊。"

这是长达一个小时的时间里,这位老爸对女儿的第一次关注。我想,十几年后,这个天使般的小女孩或许会出落成一个非常非常安静的美女,任何场合,她都会轻轻地说话、轻轻地走路,生怕打搅其他人。

自我评价 = 内在父母的评价

上个星期去福建出差,接待我们的朋友情商非常高,她能轻松地化解各种大大小小的矛盾。譬如,去餐馆吃饭,如果菜上得慢了,她就会叫来服务员,对她说:"小妹,你这么可爱,能不能帮我催一下菜?"

一般情况下,"小妹"会很开心地去催,问题顺利解决。但少数情况下,"小妹"会解释说,因为什么,我们不得不等。

这时候,她会继续说:"小妹,你很能干的,你一定会有办法的,我对你很有信心。"

到了这一地步,没有哪个"小妹"会再坚持,而会开心地帮我们去催,于是问题也很快解决。

我们可以说,这是她掌握了谈话的艺术。但在我看来,更重要的是她说话时的语气和姿态。她绝不会盛气凌人,也绝不会不耐烦,总是很开心而且很平和。这些听不到的东西才是最重要的。

聊到她的家庭,才知道这到底是为什么。原来,她的父母非常民主,家中的很多事情,都要投票决定,而且大人孩子每人一票,完全平等。

可以料定，她从小形成了民主、相互信任的客体关系。现在，她把这个关系投射到了餐馆中，那些"小妹"也感受到了这种信任，于是很乐意地帮我们解决问题去了。

但是，她的投射也遭遇过挫折。在厦门的鼓浪屿，给我们做导游的女孩，无论这个朋友怎么夸她都无济于事，导游都仿佛是在按照一个僵硬的模式来对付我们。

离开鼓浪屿后，我对这个朋友开玩笑说，她夸导游可爱，无效，因为这个导游自认为不可爱，所以会认为她是在撒谎。同样，她夸导游漂亮，也无效，因为导游自认为不漂亮，所以仍然认为她是在撒谎。

可以说，我们的人际关系就是我们的客体关系模式相互投射的结果。一般餐馆的服务员自我评价尽管可能普遍比较低，但也有高的地方。所以，我的这个朋友向她们投射她的夸奖时，她们会接受。但鼓浪屿的这个导游，她的自我评价实在太低了，而这个朋友又没有找对地方，所以怎么投射她的夸奖，都没有用。

自我评价是什么？就是心中的客体关系中，"内在的父母"对"内在的我"的评价。其基础就是，我们童年时父母对我们的评价。

曾奇峰说，父母分三种：第一种父母，是无论你做什么，他们都批评你；第二种父母，是无论你做什么，他们都忽视你；第三种父母，是无论你做什么，他们都鼓励你。当然，最好的父母就是最后一种。

性格如何决定命运

性格决定命运，这是我们耳熟能详的一个格言。

学心理学越久，我就越相信这句话。

那么，性格如何决定一个人的命运？

性格，是通俗的说法，换成心理学专业说法，即人格。所谓人格，作为后精神分析学派的客体关系理论认为，即一个人内在的客体关系。形象表述出来，即一个人的"内在小孩"与"内在父母"的关系。

也就是说，性格是一种关系。

这可能会让人发晕。性格，譬如自信、自卑、倔强、等等，怎么会是一种关系呢？

先讲讲自信。自信，通俗理解，就是自己相信自己。然而，从逻辑上讲，不存在A相信A这回事，存在的，只能是A相信B或B相信A。

那么，什么叫自信？简单来说，是自己内在的一部分相信自己内在的另一部分。套用客体关系理论来准确地表达，即一个人的内在小孩对获得内在父母的爱充满信心。

所谓自卑，也即一个人的内在小孩对获得内在父母的爱没有信心。

所谓倔强，就是一个人的内在小孩对内在父母说，凭什么！

内在小孩与内在父母的关系模式，形成于一个人的童年，主要是六岁前。这个模式形成后，以后的人生里，我们就会不断将这个模式呈现在现实世界中。所以说，内在的客体关系模式决定了一个人的人生。简而言之，即性格决定命运。

所以说，精神分析学派有决定论的色彩，而且是童年决定论。

决定论听起来有些悲观，但它绝非说，你的客体关系模式就不可改变了，它当然可以改变，改变的办法，就是认识你自己。

教育是为了孩子，还是为了大人

一切为了孩子！

这句很流行的口号，看上去好像是我们教育的实质。

不过，我的一位在教育部门的朋友说，学校教育体系的实质，是某个官员想有政绩，而目前政绩的主要评判标准是升学率。

这个政绩的压力先传递到校长那里，再传递到各级组长那里，而后传递到班主任和各科老师那里，最后传递到学生那里。

可见，绝非一切都是为了孩子。

更要命的是，你要政绩，我也要政绩，而升学率的蛋糕是固定的，于是压力不断升级，而最后承受这些压力的，还是孩子。

并且，校长和老师们作为教育体系的重要环节，他们的业绩，也是由学生的考试成绩和升学率所决定的。他们实现业绩的梦想，也一样由学生们的努力所实现。

同样要命的是，校长和老师们对业绩的追求，也是不断升级的，于是孩子们的压力也随之不断升级。

如此说，那句著名的口号其实是，一切为了老师。

这样说，听上去有些偏执，那么，讲讲故事吧，故事能说明一切。

我一个朋友，在某省会城市，儿子该读小学了，神通广大的他细致地调查了该省会城市的所有著名小学，结果有个雷人的发现：在这些著名的小学中，老师鼓励孩子在考试中抄袭竟是一个普遍现象。

让孩子从小学一年级开始就学习抄袭，而且让他们意识到，这是一种主流做法，无论如何，这不能说是为了孩子吧。

这是为了追求考试成绩的大跃进，而能从考试成绩中获益的，自然是各个级别的老师们。

现在几乎所有中小学学校，学生们已没有了真正的自习课，因为自习课已经被各科老师霸占，无比焦虑的老师们像打仗一样抢夺自习课的控制权。这可以理解，毕竟自己的业绩是和成绩紧密挂钩的。

前不久，和几个朋友吃饭，其中三个朋友的孩子都是刚读小学一年级，他们的一个共同感受是，孩子上学这件事让整个家庭濒临崩溃，所有人的情绪都因为要跟孩子"一起上学"而不同程度地陷入了歇斯底里的状态。除非家长能从其中醒悟，否则后果不堪设想。这三个朋友中有两个有一天突然明白，这样下去不行，于是才多少从这个状态中脱离了出来。

譬如，他们三个都有如下遭遇。他们每天都收到各个老师的短信，不仅告知你的孩子表现如何，也告知班里其他孩子表现如何。读到这样的短信，他们的心立即揪了起来。

一个朋友说，一次收到短信，看到女儿一科考了 92 分，她想，嗯，还不错啊，但随即看到，全班的平均分是 98.5 分，她一下子觉得被打击了，回到家后好好教育了一下女儿。

因为不断这样教育女儿，女儿的脾气变得越来越坏，最后孩子奶奶终于受不了了，她教育我这位朋友说，她实在看不出 92 分和 98 分有什么分别，小孩子很容易马虎，马虎一下几分就没有了，要是孩子每次都考 98 分、100 分，这才是问题，那时你得担心孩子的天性到底到哪儿去了。她有点下通牒式地对儿媳说，以后绝不能因为这样的事教训孩子了。

婆婆的话很给力，我这位朋友也反思了一下，觉得自己也的确是敏感了，从此对女儿的教训少了很多，而女儿的坏脾气立即有了好转。

虽然经常和朋友们聊到现在学校的事情，但几乎每一次聊这样的话题都会觉得崩溃，因为总能看到令我震惊的做法。

有时候，我给一些企业讲课，说到工作压力的话题，我会半开玩笑半认真地说，你们该觉得庆幸，因为你们的工作压力很难比得上现在小学一年级的孩子，你最多早起晚睡，但他们每天的学习时间要远胜于你，而且根本没有放松与娱乐的时间。

譬如这三位朋友，他们的孩子不过是读小学一年级，但每天回到家里至少要做两个小时的作业。并且，做两个小时还是最快的，据他们了解，孩子的不少同学要做四个小时甚至更多。

监督孩子做作业，则成了家庭的噩梦。一个朋友说，孩子没上小学前，他和妻子的感情很好，极少吵架，下班回家后很能享受家庭生活。但孩子上小学后，夫妻吵架的次数越来越多，有一天他们幡然醒悟，发现吵架的原因多数都与监督孩子做作业有关，于是决定将监督孩子做作业的事情交给专业机构。

其他两个朋友也说，他们也做过这个打算。现在很流行这样的机构，有的是老师办的，有的是家长办的，也有很商业性的，就是把几个或十几个孩子弄到一起做作业，每个月交几百乃至上千元就可以。

把孩子弄到这样的机构，夫妻之间就不必因此而吵架了。并且，父母也不会因此而与孩子发生冲突了，围绕着做作业产生的矛盾，主要放到了这种专业机构里，孩子可以憎恨这个机构，而不必憎恨父母了。

这样的机构估计也可以打"一切为了孩子"的口号。然而，如上的每个环节中，到底有哪一个环节真的是为了孩子呢？这些不过是大人的游戏，而孩子不幸成为实现大人政绩、业绩或物质利益的工具，但大人从孩子身上榨取了利益并给孩子制造了难以承受的痛苦后，还强调一句说"一切为了孩子"，这是何等的卑鄙。

他们不是孩子利益的代表，孩子只是被代表了而已。

一切为了孩子！

家长们也喜欢使用这个口号，好像这也是教育的一个实质。

对此，我一个朋友有很经典的说法。她说：

怀孕时，只希望孩子正常就好了，别是怪胎就行；

生下来，只希望孩子健康就好了，别总生病；

孩子逐渐长大，看着小小的他，只希望他开心就好了，其他一切都不重要；

进入幼儿园，比较心开始升起，希望自己家孩子比别人家孩子出色；

从此以后，一发而不可收，希望孩子在人生每一步都比别人家孩子更出色一些。

我正在看一本美国人写朝鲜战争的书，作者讲朝鲜战争前期的美军总司令麦克阿瑟，说他是母亲的一个"杰作"，母亲那么努力地教育儿子继承父业，让他成了既杰出又超自恋的五星上将，不仅是要儿子证明自己是最强的，更要证明，她这个母亲也是世界上最出色的。

如果一切顺利还好，像麦克阿瑟，他虽然因自大犯了挺多错误，但同时也有许多辉煌的战绩，他算是证明了自己，也证明了母亲的价值。假若突然间，孩子生了重病，无论身体上还是精神上，父母的意愿一下子又跌回原处——希望他健康快乐就好。

还有一个朋友，富有而优秀，她也希望儿子比自己更争气，于是给了孩子蛮多压力。但前不久突然查出，二十多岁的孩子竟然已患有癌症，她很崩溃，一下子觉得富有和优秀没有了任何意义，怪自己这么多年给了孩子太多压力，并想，要是一开始没给孩子压力多好，那样他就不会过得那么压抑了，或许也就不会得癌症了。要是能再次选择，孩子哪怕只是平庸，但平平安安地度过一生该多好。

其实，这个想法也是伪命题，并非世界的这一边是优秀而高压力，另一边是平庸而轻松。实际上，**真正的轻松总是伴随着能力的解放，那会带来真正的优秀**。

我们社会的大人们，好像普遍都不明白这一点，和家长与老师们探讨所谓的教育时，他们普遍抱有一个成见：孩子要么在巨大压力下成为卓越人才，要么终日无所事事而成为庸才。

这个成见很值得探讨一下。最近，我正在看荷兰心理学家罗伊·马丁纳[①]的一本好书《改变，从心开始》。在书中，马丁纳讲到，快乐有三个层次：竞争式的快乐、条件式的快乐和无条件的快乐。

我们社会的教育体系，无论是学校还是家庭，其实都停留在了竞争式的快乐这一层面。

---

① 罗伊·马丁纳（Roy Martina），身心灵治疗大师。已撰写数十本关于健康、生命活力、灵性成长、减重与营养方面的著作，比较有名的像由胡因梦翻译的《改变，从心开始》。

所谓竞争式的快乐，即一定得我比你强，这样才快乐，否则就痛苦。比方说自己孩子考上中山大学，这本来是一件很好的事，很值得开心，但一听说别人家的孩子考上了北京大学，你的快乐一下子消散了，转而恨自己的孩子为啥就不如人家孩子争气。

我第一次深刻领会到竞争式的快乐，是因一个朋友。她对我说，她实在没法明白，人与人交往时，除了比较还能做什么。

马丁纳引用了一个寓言故事来说明竞争式的快乐。

两个商人紧挨着开了商店，经营范围类似，他们唯一的快乐就是比对方强一点。

一天，一个天使来到一个商人面前说："对我许愿吧，你的任何愿望都可以实现。不过，你的对手可以得到的会比你多一倍。"

这个商人最初很沮丧，但突然间开心起来，他对天使说："请弄瞎我一只眼睛吧。"

这个故事说明了竞争式快乐的可怕之处。陷在竞争式快乐中的人，势必会被魔鬼的这一面所折磨。譬如多名高中生对我说，他应该能考上一所不错的重点大学，但一想到他的同学中有人能考上清华北大，就快乐不起来。

持有这种观念，意味着这些高中生也被我们社会的教育给异化了。

所谓条件式的快乐，马丁纳说，这里面去除掉了竞争的成分，这是很客观的快乐。你要一个条件，只要这个条件得以满足，你就会很快乐。譬如你的愿望是挣到多少钱以获得经济上的自由，当这个愿望实现后，你很快乐，而不会沉浸在"比尔·盖茨比我有钱多了"的痛苦中，这就是条件式的快乐。

无条件的快乐，马丁纳称为"至乐"，处于这一层面的人，不需要外界的任何条件，就能感觉到快乐与祥和。这是很美的状态，他写道：

毫无条件地生活，就是接受自己是个可能犯错的血肉凡躯，并欢迎改变、死亡和受苦。处在至乐中，无论舒服还是痛苦，我们都欣然接受；我们不执着于结果，而能享受和体验充实的人生；我们对于沿途的幸福安适与种种经验充满了感恩之心，而能心平气和地对待他人和自己……

第三个层面的快乐，并不容易活出。尽管有些父母能够给予孩子一些无条件的爱，但整体上，几乎没有谁能从父母那里得到如此丰厚的馈赠，从小就彻底沉浸在无条件的至乐中。想获得这种快乐，我们都需要自己去学习。

不过，至少我们可以意识到，快乐有这三个层次，比"别人家的孩子"强只是最低层次的快乐，而我们应试教育的核心逻辑，就是在追求竞争式的快乐，不仅教育系统的官员和老师如此，家长们也如此，而这些大人们也试图让孩子相信，这就是一切。

其实，我们反过来可以从孩子的身上学习到，快乐其实是很简单的。孩子想吃糖，吃到了就很快乐。他要玩游戏，玩时就很快乐。他们有竞争式的快乐，但这绝非就是一切，假若大人不强烈地参与其中，传递"别的孩子"比你更值得爱这种信息，那么孩子对竞争式的快乐不会太痴迷，他们只要得到自己想要的，那就很快乐了。

可以说，孩子可以因为一切事情而快乐，他们对身边的一切都抱有一种天然的好奇心，如果没有受到干扰，孩子能够专注地去做他们想做的事情，这种专注本身就是一种至乐。

但长大了，我们好像都忘记了那些简单的快乐，只剩下了一种快乐——人群中的快乐。尤其是，在人群中我要成为最被赞许的，否则我就不快乐。

条件式的快乐和至乐能点燃我们的生命，让我们觉得不虚此生，但假若只剩下竞争式的快乐，你会时时感觉身处地狱中。

更要命的是，在目前的教育体系中，是大人们在享受竞争式的快乐，而孩子是他们实现自己这一最低层次快乐的工具，他们美好的生命，消耗在如此没有意义的事情中。

最近，多个高中生都对我说，武老师，我非常排斥高考，我讨厌高考中藏着的那种味道，好像这是天底下唯一重要的事情，好像我生命的意义就只能体现在这里。

他们的生命当然远不止于此。

假若自己生命的意义就是给别人提供竞争式的快乐，那就会产生巨大的无意义感。

我有一个可怕的预言——假若我们的教育体系不发生根本性的转变，而是压力继续升级，那么被当作工具的孩子们会以他们的生命抗争。最后孩子们的自杀率会高到让整个社会恐惧，那时大人们才不得不改变自己的逻辑。

那个富有而优秀的家长，她宁愿在健康和优秀之间为孩子选择健康。但我想说，如果家长一开始就选择保护孩子，免于目前教育体系的伤害，那么最终会发现，他们收获的并非平庸，而是孩子的才能得以巨大释放，并且孩子的生命一直处于快乐之中。

家长不能指望老师或教育体系先发生改变，若真爱自己的孩子，需要发挥自己的勇气与智慧，与"一切为了大人"的变态做法抗衡。

家长是最容易打破这个绞杀孩子的链条的。你可以对孩子说，孩子，从现在开始，请享受生命，而不必非得等考上北大清华开始。

父亲太暴躁不是你的错

最初，我们都是极其自恋的，于是，周围发生好的事情，我们认为是自己导致的，发生坏的事情，也往自己身上揽。

好的父母，会用爱和耐心帮助我们理解，什么是我们该负责的，什么是不该我们负责的。由此，我们慢慢走出这种自恋。

但是，假若父母说，是的，所有的那些坏事情，的确就是你导致的，这个孩子就无法走出坏的自恋。

不幸的是，这样的父母并不罕见，很多父母对无辜的孩子发了一通脾气后会理直气壮地说：这一切都是你的错！

武老师：

你好！我是一名广州女孩，今年20岁，我心里有一个难题，从小一直困扰我，帮我解答一下可以吗？

这是一个家庭问题，我妈妈一直做商场服务员，爸爸是一名技工，家庭收入一般。问题是，爸爸经常无端地开口就骂人，事情的起因都是很小的事情。于是家里总是乌烟瘴气，我小时候如此，现在还是如此，每个星期至少有两个晚上爸爸会破口大骂。

这种感觉真难受，妈妈不敢回嘴，我也不敢说什么，只有让他骂，直到他自己停下来为止。我的工作很累，每天回到家里也不能清静，想搬出去又担心妈妈没人照应。大多数时候我是爸爸骂的对象，他总说是我在找骂，是我害了他。我每天都在想，这究竟是不是我的问题呢？

请帮帮我，我觉得自己快疯了。

阿惠

阿惠：

你好！

你有这样一个爸爸，真是一件无奈的事情。如何处理自己与这样一个爸爸乃至整个家庭的关系，则是一个很大的难题。许多人处理不好，最终严重损害了自己的心理健康，从而一生都生活在阴影下。

幸好，我们可以有很多方法，从而让自己尽可能地少受这样一个老爸的不良影响。下面我们就谈谈这些方法。

把他的责任还给他

首先，我要强调一点：爸爸这样骂你，一定不是你的错！

这是很重要的一点。不过，我知道正常的旁观者会感到莫名惊诧，难道这还需要强调吗？一个整天无端辱骂妻女的男人，当然是他自己有问题，这难道还需要做什么澄清吗？

答案是，的确需要澄清！需要强调！

有太多的案例说明，当父母无端辱骂儿女，并斥责儿女应为他们的失败、苦恼、愤怒和失控等负责时，他们总是会成功的。

他们之所以会成功，是因为当一个人还是孩子的时候，他必定是非常自恋的，他认为是自己导致了周围的一切，应该为这一切负责。

譬如，一个女孩三岁时，爸爸妈妈离婚了，她会以为，是自己不好，所以爸爸妈妈才离婚。相应地，如果身边发生了好事，小孩子也一样会天真地以为，是自己导致了这种好事的发生。

这种好事坏事都往自己身上揽的特点是天生的，所有孩子都这样。不过，好的父母会帮助孩子明白，什么事情真是他导致的，而什么事情不需要他负责。但糟糕的父母则相反，他们喜欢推卸责任，既自恋又弱小的孩子无疑是最佳对象。

所以，如果你的父母是好的，我们会逐渐地走出自恋，但如果碰上喜欢推卸责任的父母，我们就难以走出这种自恋的陷阱，等成年之后仍然会习惯性地以为，的确是自己不好，所以父母辱骂自己是对的。

阿惠，你的情况正是后者。爸爸二十年如一日地责骂你，这使得你一直没机会从消极的自恋中走出来。不过，你正在苏醒。你理性上已意识到，爸爸的责骂和指责是没道理的。

把他的责任还给他！下次他再这样做，你起码可以在心里对自己说一句：这是你的问题，不是我的问题。

认识并接受真相

心理健康的基石是直面自己人生的真相，而不是盲目乐观。

为什么呢？因为，我们的"心理自我"就是以我们的过去为基础的。与弗洛伊德齐名的美国心理学家罗杰斯则称，一个人的心理，就是由其所有的体验组成的。

这些人生的真相，一旦发生，就已注定不可改变。你若想否认这些事实，其实就是在否定自己，我们要学会承认过去，不和过去的任何事情较劲。

阿惠，我想你首先要承认两个真相：

第一，你的父亲很糟糕。

第二，你改变不了你的父亲，你也改变不了你的母亲。在家庭系统中，你是一个无能为力的小女孩。

承认这两个真相无比重要。很多优秀女性，就是因为不愿意承认第一个真相，同时总怀着要改造男人的梦想，结果会莫名其妙地爱上"坏男人"。因为只有"坏男人"才需要改造，而"好男人"不需要改造，所以她们只对"坏男人"感兴趣。

这种"改造梦想"也是扎根于童年时的自恋。前面我们谈到，小孩子是自恋的，如果爸爸脾气暴躁，小女孩不会认为这是爸爸的错，相反她会认为是自己令爸爸这么暴躁。那么相应地，她会想，如果她做了一些正确的事情，那么爸爸就会被改造过来，变得不那么暴躁。

不幸的是，小女孩的这种改造注定是无望的。因为，这不是她的问题，而是爸爸自己的问题，所以爸爸当然不会因为女儿做了什么，而变成一个好爸爸。

一次努力无效，小女孩会做第二次努力。第二次努力无效，她会做第三次努力……这样不断遭受挫折，最终她放弃了这种努力。但是，她的这种改造梦想并未消失，只是被压抑到潜意识深处了。等长大了，这种梦想就会经常被一个像爸爸的"坏男人"唤起。毕竟，她不再是以前那个弱小的小女孩，她现在比以前有力量多了。于是，她再一次渴望去改造一个"坏男人"。

恨就恨，但不要报复

正是因为这种诱惑，一些女孩会对素未谋面的重刑犯产生感情，譬如重庆一个女孩，就嫁给了一个重刑犯，而在决定嫁给他之前，他们甚至未曾谋面。

要想告别这种"改造梦想"带来的诱惑，就要承认我前面提到的那两个人生真相：爸爸的确很糟糕，我对爸爸无能为力。

直面第一个真相时，你会恨爸爸，会为之痛苦，可能会号啕大哭。这时，你只管把自己交给情绪，想恨就恨，想哭就哭……情绪是怎样，你就怎样。只有等你内心郁积的那些情绪宣泄出来后，你才真正有可能告别这一悲惨的事实。

不过，这并不是说，如果你恨，就采取恨的行动，譬如报复爸爸。假若这样做，那证明你还是渴望去改造爸爸，或改造你的家。你还是在纠缠，而这一切都是无用功。

相反，等情绪宣泄出来后，你要把注意力从父母身上移走，回到你自己身上来。父母你无法改变，但你可以改变自己。你越不期望改变爸爸和妈妈，就越有可能改变你自己，你的力量就会变得更强，改变自己也更容易。

当然，也是因为那个最简单的道理：改变别人永远是最难的，你只可能改变自己。

放弃保护妈妈的想法

你不能改变你爸爸，也不能为你的妈妈负责。

这是一个很容易被忽略的真相。因为爸爸那么糟糕，妈妈显然也是一个受害者，难道我不能去保护妈妈吗？

的确是这样，我建议你不要再想着去保护妈妈。

在整个家庭系统中，不管孩子是不是家庭的中心，他们其实都是最没有力量的人。因为，即便他处于家庭的中心，父母在乎他都胜于在乎对方，那也不是他努力的结果，而是父母把他置于这种位置，而这种位置其实很不利于他成长。

阿惠，至于在你这样的家庭，你的影响力要更加微弱。你以为你可以保护你的妈妈，这其实还是源自童年时的那种自恋，这让你以为你能影响你的父亲，但这么多年的事实证明这是徒劳的。

并且，妈妈身上的力量其实强过你，而爸爸的怒气也主要习惯性地集中在你的身上，如果你离开了这个家，你爸爸未必会把本来发给你的怒气转移到你妈妈身上去。

这是一个很简单的道理：你现在虽然20岁了，但你爸爸可能仍按照以前你五六岁的时候那样责骂你。但他不会那样对待你的妈妈，成年人折磨成年人是有风险的，而折磨孩子则相对需要付出很少的努力。

更重要的是，你是父亲主要的折磨对象，你是家中主要的受害者，而这个家庭系统不能保护你，那么你首先要考虑的，是要离开这个家庭系统，先保护你这个第一受害者。

孩子当不了家庭的保护神

"当父母的关系出现问题时,孩子会伤害自己,目的是拯救父母的关系。"心理医生李凌说,"但做父母的,会因为不理解这种行为而斥责孩子干了坏事。结果,孩子伤害了自己后,再一次被父母伤害。"

案例:"你们再吵架,我就不上学了"

为了说明这个道理,李凌讲了发生在自己家里的一件事情:

2004年,他和妻子不断吵架。忽然有一天,七岁的儿子小李对他说:"不要再吵架了。如果你还和妈妈吵架,我就不上学了。"

儿子的话让李凌"感到无比震惊",他的第一反应是"孩子这么小,就学会敲诈爸爸了"。

于是,李凌回答说:"好啊,你不上学最好了!"

这个回答让儿子一下子呆住了，他问："爸爸，你不是一直说，上学是好事吗？"

"对你是好事，对爸爸不是。"李凌回答说，"你不上学，用的钱就少了，对我当然好，但对你不好。"

"那么，爸爸，我不会不上学……"儿子收回了他的"威胁"。

看起来，这是一次完美的家庭教育：儿子发出威胁，但被父亲巧妙化解，最后承诺继续做正确的事情。

但现在，李凌说，如果沟通到此为止，这对儿子绝对是一个伤害。他说，儿子其实在做绝大多数孩子都会做的事情——父母关系出现了问题，孩子想通过牺牲自己挽救这个关系。

"孩子是善意的，"李凌说，"我那时不懂，误以为是威胁。但幸亏，我们的沟通没有到此为止。"

当儿子收回"威胁"后，他百感交集，抱着儿子放声痛哭，一边哭一边对儿子道歉："儿子，是爸爸不对，爸爸不该和妈妈吵架，爸爸对不住你。"

李凌说，这个道歉很重要，这会让儿子感受到，爸爸虽然没有接受他的错误做法，但接受了他的善意。

案例：女儿用生病平息了家庭冲突

像这样的例子，在现实生活中数不胜数。伯特·海灵格说："孩子是家庭的保护神。"当父母关系出现问题时，孩子主动去做一些自我伤害的事情，以拯救父母的关系。并且，他们自我牺牲的策略常取得成功：父母将注意力转移到他的身上来，不再去理会他们自己的问题。而对于家庭，海灵格形容说，健康家庭宛如平地，孩子会成长为挺拔的大树，而有问题的家庭宛如悬崖，孩子会成长为奇形怪状的树。孩子这样做，目的只是保持家庭的平衡。

每个家庭都势必会产生一些问题，再完美的父母也会出现矛盾。那么，当孩子这个家庭的保护神在这种时候去做自我牺牲时，父母该怎样对待呢？

李凌说，他认为最重要的一点是，理解并接受孩子的善意，让他知道，爸爸妈妈懂他的意思。同时，又要告诉孩子，爸爸妈妈的问题是他们自己的问题，不关你的事情，"我们会努力解决，你要相信我们，你的牺牲行为对我们解决问题并没有帮助"。这样一来，孩子既感觉到了父母的理解，同时又明白他的牺牲行为是错误的，就会放弃这种错误的努力。

但问题是，大多数时候，父母的某一方为了在婚姻战争中得到盟友，会主动将孩子拉进问题的旋涡。

小雨是一个很可爱的女孩，清秀、聪明、懂事，在一所重点中学读高一，但她从初三起就有了一个毛病：不断洗手，一天一般洗上上百次，即便把手洗出血也无法停止。此外，她还失眠，学习成绩也不断下滑。

小雨是在做家庭问题的保护神，只不过，她是被妈妈拉进来的。初三时，她妈妈怀疑爸爸有外遇，并不断向小雨倾诉自己的苦恼。这可能与小雨妈妈的承受能力有关。妈妈很小的时候，小雨的外公就去世了。

一开始，妈妈和爸爸闹得不可开交，但小雨病后，这场家庭战争暂时停止了，他们都转过来关注小雨。

父母的冲突，孩子不必负责

按照海灵格的说法，小雨妈妈的做法是"联结"。父母一方主动将孩子卷进他们的冲突，而他们这种不成熟的愿望一定会得逞。当碰到像小雨这样的来访者时，海灵格会第一时间告诉他们，父母的问题是父母的，他们不需要与父母"联结"在一起。

譬如,一个来访者告诉海灵格,他妈妈一直向他强调,她是因为他才不和他爸爸离婚的。对此,海灵格澄清说:这不关你的事……她并没有告诉你整个事件的全部真相,她留在你父亲身边,是因为她接受了自己行为的后果。她是为他们双方做这些的,你并没有参与他们的决定和协议。

但同时,海灵格也建议来访者学会真正的尊重。他说:如果你能明白她接受了自己行为的后果,那才是对你父亲和母亲最大的尊重。

如果父母关系出了问题,作为孩子,他们最好尊重父母直面他们自己的问题,而诱惑父母无视或扭曲问题,对整个家庭并无益处。当然,幼小的孩子是无法自己学会这一点的,但做父母的可以和孩子认真地做沟通,告诉他:他们理解他的爱,但同时希望他尊重他们自己的问题。并且,无论他们怎么处理自己的关系,他们仍然会一如既往地爱他。

> 对孩子的自我牺牲精神,海灵格描述说:
>
> 孩子们的爱是无限的……通过受苦而和自己的父母联结在一起,对他们来说,是一个巨大的诱惑。如果一个母亲情绪低落,她的女儿会情绪低落。如果一个父亲酗酒,孩子也会不由自主地用某种方式模仿父亲的遭遇,可能会在生活中处处失败。但是,成熟的爱要求孩子逐渐放弃幼稚盲目的爱,学会像成人那样去爱。成熟的爱要求孩子们从家庭的牵连中释放自己,不再重复那些有害的事情。那么,他们就能实现父母对自己深层的期待与希望。孩子越好,父母也越好。

CHAPTER 4

中国式家庭

你的感受如何被扭曲

存在等于被感知。美国心理学家莱因[①]如是说。

这个定义的意思是,我的感受被你感知到,我才发现自己原来是这般存在着。简单说来,一个人的存在感,来自于他的感受被另一个人看到。

我们说,一些人有清晰的自我,他不在乎别人的评价;另一些人没有清晰的自我,很在意别人的评价。

实际上,我们都很在乎别人如何看自己。区别仅仅在于,有清晰自我的人,是投胎技术好,有好的父母,特别是好的妈妈。你的感受被好的妈妈感知到了,于是就有了存在感,并在这个基础上形成了所谓的自我。没有清晰自我的人,没有实现这一步,所以他毕生都在用直接或扭曲的方式希求被别人看到。

干露露的妈妈雷女士在她的一张照片中,赤裸着上半身,拿手与胳膊笼

---

① 约瑟夫·邦克斯·莱因(Joseph Banks Rhine,1895~1980),美国心理学家。

住丰满但不诱人的胸部，神情非常满足，非常自得。她自己做的事情，和她让女儿做的事情，表面上是用性感引诱人，其实都是在追求一个很原始的渴望——看着我！看到我！这个原始的渴望被过度地满足了，所以她很自得。

最初，若没有被妈妈与其他亲人看到，就希望被千万人乃至无数人看到。

心理咨询的价值，也在于来访者的感受被看到。

不过，评价不是看到。看到，必须是心对心，感受对感受，是心灵的呼应，而不是头脑对心，更不是药物对心。虽然药物会作用于你因渴望感受被看到而不得、而恐惧、而绝望、而愤怒的种种感受，但因它看不到，所以治标不治本。

存在＝被感知。相应地，不存在感，就源于感受没被感知。这有多种方式，常见有三种：忽视、双重矛盾、僵尸化。

忽视很简单，最初就是妈妈或最关键的抚养者，没有精力、没有兴趣或没有能力看到你。要么你在婴幼儿时总是孤独，要么那个你在乎的人尽管在你身边，但他只有头脑没有身体、没有心，甚至连头脑都没有，所以"看见"一样没有发生。

极端忽视，会导致极端的不存在感，它集中体现为一种致命的羞耻感——生而为人，对不起。从来没有被爱看见，于是存在本身就是错误。

日本电影《松子被嫌弃的一生》中，松子的作家男友八女川站在疾驶而来的列车前自杀，遗言是"生而为人，对不起"。这也是作家太宰治自杀的真实遗言。

极度可怕的忽视，会导致一个极度矛盾的状态：我无比渴望被你看到，不被看到等于死，可被看到的那一刹那，我也觉得要死。

对此，通俗的说法是，我不能爱上你或接受你的爱，因那样我就没有自我了。

莱因将此称为"吞没焦虑"，这与我文章中常见的吞没创伤不是很一致，不妨称它为"原始的融合焦虑"。

原始的融合焦虑,是指一个人害怕与他人、他物甚至他自己的联系,因关系意义上的链接会让其担心失去自己的身份和自主性,这种惧怕所产生的焦虑即原始的融合焦虑。

简而言之,有此焦虑的人,会感觉哪怕轻度的关系,都会吞没掉他可怜的自我身份。

关键原因是,他的自我太可怜、太脆弱了。之所以可怜与脆弱,是他的感受很少被感知。那很少被感知的感受,凑成了一个脆弱的自我。这种自我,非常渺小与卑微,其他任何一个事物都远比自己要高大。所以,建立关系就意味着,要被那个高大的别人所吞没,而自我就烟消云散了,就像《西游·降魔篇》中段姑娘被孙悟空击成碎末又化为乌有。

本质上,融合意味着小我的死亡,但一般的过程是,有一个清晰的小我,托着自己与别人建立关系,不断在关系中感受彼此,信任越来越深,突然间感受到彼此,并在那一刻放下防御,小我死亡,而最亲密的关系建立,一个包含着"我与你"的关系性自我建立了。

若没有这个相对健康的自我托着,而直接去建立关系,那种湮灭感就太强了,令人不敢尝试。

原始的融合焦虑会带出很严重的问题,有这种焦虑的人,他只能感觉到极端情形,要么建立关系而失去自我,要么彻底孤立,不存在中间地带。

因这种焦虑,一个人会宁愿被憎恨被攻击,这时如果他进行反弹,就意味着一个自我疆界建立了,反弹时的感受——主要是愤怒等负性情绪,也构成了他滋养自我的养料。

相比被憎恨、被攻击,被爱反而是可怕的,因爱会导致被淹没、被毁灭。

有此焦虑的人,容易梦见被埋葬、被淹没、被流沙活埋、被火烧成灰烬,或被水淹没。

甚至，被精准地理解也是可怕的，因被理解也意味着被吞没、被窒息。

与理解和爱相比，他们宁愿被误解被憎恨，在孤立中，他们的小我反而有一定程度的安全感。

所以，要与有此焦虑的来访者相处，或与有此焦虑的人相处甚至相爱，尺度非常难把握，最好是和风细雨地逐渐接近，接近时一直保持某种程度的距离。

与他们交往，爱与理解发生时，反弹也会发生，有时反弹会非常激烈乃至可怕。你会觉得，对他们表达爱与理解，好像他们感觉受到了极大冒犯似的。

在我看来，根本上还是那种原始的羞愧。因没有被爱照见过，所以内心是一片黑暗。他们将这种黑暗理解为，真实的自己是坏的，而如此坏的自己竟然还渴望被看到被理解，何等可怕。没有人会爱自己、会在意自己，可自己还是如此渴求！

这是关键一点——让有此焦虑的人意识到，黑暗不等于坏，只要有爱照到你内心那一块田地，那一块田地就会变得美好。犹如纯美姑娘的一吻，会让可怕的野兽瞬间变成王子。

再谈谈双重矛盾。它的意思是，你既不能做 A，也不能做 −A。

莱因则将双重矛盾称为双重束缚，准确的表达是，表面上，父母或亲人希望你做 A，但你真做了，他们不高兴。内心里，他们其实是希望你做 −A，但你若做了 −A，他们可能会更不高兴。

譬如，妈妈张开双臂欢迎你，你扑上去，但你感觉到她分明在推开你。若你不扑上去，她会斥责你。

双重矛盾的源头，是一个人内心的分裂，也即意识与潜意识的分裂。意识上，他们处于 A 端，可潜意识里，他们处于 −A 端。处于 A 端时，头脑接受，但身体和心难受；处于-A端时，身体和心顺畅了，但头脑不接受。

双重矛盾会给其他人造成极大困扰，特别是孩子与配偶。孩子对事物本来有准确的感觉，他感觉到事情的真相是-A，但既不会被父母确认，也不会被外人确认，父母和外人都说，事情明明是A嘛！你怎么这么不懂事。

就像很多人在社会上是一个无可指摘的好人，但在家里，却是一个暴君。但别人见到你都说，啊，你爸妈啊，他们可真是好人啊，你真幸福啊。但你真实的感受是无比痛苦的。

暴君还好，因为他毕竟做了明显错误的事，让你还会有明确的认识。可是在很多中国家庭中，父母的暴行往往会被说成"打是亲，骂是爱"，但暴行太多了，最终还是会让孩子认定父母是错的。

有时，比暴行更严重的是隐蔽的攻击。隐蔽的攻击，攻击者不会承认，旁观者也看不到，受害者甚至都难以诉诸语言。譬如，许多人，表面上对人很好，可一转身，却会小声咒骂。

僵尸化，意思是，父母希望你一动都不要动，你的活力仅体现在执行父母的意志上。他们希望你只是他们手脚的延伸，而不要有任何自由意志。

之所以如此，是因父母有可怕的不安感，他们要掌控一切，任何一个小小的失控，都会让他们觉得掉入了深渊，所以他们要不惜一切来打压你的自由意志，将你推向僵尸境地。

忽视、双重束缚和僵尸化，以及其他破坏你感受的招数，在父母与孩子的关系上，在婚恋关系上，在工作以及社会中都可能存在，都会破坏一个人对自己感受的信任。这些招数很复杂，而你的招数可以很简单——信任你的感觉。

若你够幸运，有一个好妈妈或好的抚养者，你的感受不断被碰触、被确认，你会形成一个丰盛而灵动的自我。若缺乏这份幸运，你要花很大努力，朝向这一目标前进。你也可以自己去认识并确认自己的感受，特别重要的是，无论如何，都要勇敢地投身于外部世界，让丰富的事情激活你的感受能力，以此不断碰触自己的感受。若这一点特别艰难，找一个好的心理医生是很好的办法。勇敢地去爱是必不可少的。爱，特别是爱情，能全方位激发你的种种感受。

不管是先天运气，还是后天努力，有丰富感受并被确认的人，都会形成所谓的"存在性安全感"，莱因描绘说：

具有存在性安全感的个体在这个世界上是真实的、活生生的。他们能感觉到内在完整的自我身份和统一性；具有时间上的连续性；具有内在的一致性、实在性、真实性以及内在的价值；具有空间的扩张性。

这虽不是很有诗意的表达，但若能活出这种感觉来，那将是很有诗意的境界。

愿你能活出这种感觉。

你的身体，是不是别人的奴隶？

英国心理学家温尼克特提出了真自我与假自我的概念。这首先在与妈妈的关系中形成，而后扩展到其他所有关系中。

有真自我的人，他的自我围绕着自己的感受而构建；有假自我的人，他的自我围绕着妈妈的感受而构建。

后者的悲哀是，他自动地寻求别人的感受，围着别人的感受转，他为别人而活。

英国另一心理学家莱恩[①]则说，有真自我的人，他的身体和他的自我是一起的。有假自我的人，他的身体和别人的自我在一起。结果是，有假自我者，他的身体与他的自我分离，而去寻求与别人的自我结合，更容易被别人的自我所驱动，而不是被自己的自我所驱动。何等可悲。

假自我会导致一个常见的现象——迟钝。即，当身体遭遇到一些刺激时，

---

① R.D. 莱恩（R.D. Laing，1927~1989），英国生存论心理学家。代表作有《分裂的自我》等。

反应总是慢一拍，不仅如此，感受也不够清晰与鲜明。

迟钝只是一个表面反应，更深的逻辑是，假自我者将身体与"我"分离，并将真自我割裂到一个与身体无关的空间，所以身体的伤害也不容易让他们有切肤之痛。

莱恩讲了一个例子。一位男士，一天夜里路过一条小巷，迎面而来的两个男人在擦身而过的一瞬间，突然挥起棍子向他打来，他吃了一惊，随即释然。他想，他们只是打我一顿，这不会给我带来真正的伤害。

这个例子中的"不会给我带来真正的伤害"，其意思是，身体不是他的"自我"的一部分，所以不会伤到他的自我。

这位男士是精神分裂症患者，所以他的例子或许极端了一些。但讲到迟钝的话，相信太多人深有体会。一位女士，在拥挤的公交车上被人踩了一脚，她当时没什么感觉，等下车时才发现，这一脚把她踩得很厉害。

所以说，迟钝是身心分离的结果，没有"自我"的关注，身体的感觉变得不敏感了。

不管一个人的假自我多严重，他仍然会寻求真自我。或者说，每个人内心都有一部分是留给最真实的自己的。然而，身心分离导致的结果是，他们的真自我与身体没有链接。

可以说，假自我者，仍在寻求为真自我留一块纯净天地，常用的办法是，他的真自我与哲学、理论或纯粹精神结合在一起，完全不沾染卑俗的身体。但身体是真实的，身体才能与外部世界建立联系。所以，这个纯精神性的真自我，得不到身体的滋养，沦为虚幻。

莱恩对此论述说：

> 当自我放弃自己的身体和行动，退回到纯粹的精神世界时，最初可以感觉到自由、自足和自控。自我终于可以不依靠他人和外部世界而存

在了，自我的内心充实而丰富。

与此相比，外部世界在那儿运行着，在自我眼里是多么可怜。此时，他感觉到自己的优越性，感觉自己超然于生活。

自我在这种退缩和隐蔽中感到安全。然而，这种状况不能长久维持。内部真实的自我得不到外界经验的确认，因此也无法发展自己，这导致持续的绝望。最初的全能感和超越感现在被空虚和无能所代替。他渴望让真实的自我进入生活，同时也渴望让生活进入自己的内部。但这时，假自我者会感觉到内在纯精神性真自我的死亡，因而会产生深深的恐惧。

存天理，灭人欲，这句话太极端了些，但贬低个体的身体而崇尚外在的道德规范，一直是儒家文化的主旋律。

在这样的主旋律中，王阳明和他的心学是非凡的存在。王阳明知行合一，因他证到天理即人欲，"我"心即天理。他首先提出身心合一，他的身体不是父母、圣人、帝王或他人的奴隶，而是他自我的一部分，是身心灵共同体的一部分。他的心学没传播开，因忠孝两全才是咱们一直以来传承的文化。

怀有美好理想或纯净精神的人，一定要问问，你的身体在哪里？若所谓的纯净精神不能和你的身体合一，而只存在于你或一两知己知道的幽静之处，那么你很可能是活在虚假中。

一位网友在我的微博上留言说：我一直觉得只要掌控了一个工作上很难的东西，就能得到彻底的自由。那个"很难的东西"就是我纯净的精神吧？很怕万一不关注美好的理想，身体就跟着死亡了。

这段话很经典，他的假自我，是用来应对工作的。莱恩说，假自我者总有一种感觉，外部世界不友好甚至很残酷，所以必须辛苦地应对，不管人还是事。

他的真自我，不是那个"很难的东西"，而是"彻底的自由"。这份彻底的自由，不能从现在追求，而要一直将精力放到掌控那个"很难的东西"上，这导致代表着"彻底的自由"的真自我，从来都是一个虚幻的存在，得不到滋养。

一直记得一段很有智慧的话：

> 人生由几百、几千乃至几万个大大小小的选择构成，等你老了，回顾一生的时候，你发现最亏待的，恰恰是你自己，那你这一生，就白活了。

这是存在主义哲学式的话语，莱恩也是一位存在主义心理学家，而存在主义一直强调这样的人生哲学：

我选择，我自由，我存在。

愿你从现在开始，从那些看似琐碎的时刻开始，活出你自己。

圣人情结

有真自我的人，他的身体服务于他的自我；

有假自我的人，他的身体服务于别人。

如果自己的身体服务于自己的欲望，简直就像一种罪过。

然而，依照莱恩的说法，有假自我的人，会给自己的真自我一个空间，但因与身体以及现实没有链接，真自我就容易成为纯粹精神性的存在。纯粹精神性的真自我，也即没有私欲的自我。

这种心理投射到社会上，即一个值得我们敬仰的人必须是泯灭了自己欲望的圣人，他的动机都是为他人。

唤醒你沉睡的活力

是创造性，而不是其他，让个体觉得生活是有意义的。

顺从带给个体一种无用感，并让个体产生诸如"没有什么事情是重要的""生活是没有意义的"等想法。

创造性的生活是一种健康状态，顺从对生活来说是疾病的基础。

——英国心理学家温尼科特

2012年度，你最大的收获是什么？我问自己。脑海里第一时间出来的答案是，那三个梦。

不是我的两本新书，不是我的工作室的发展，不是我上过的什么课程，也不是我第一次去了西藏，而是那三个梦。

那是2012年夏天的一天，应该是六月，一天晚上我接连做了三个梦。先说说梦境。

【第一个梦】

高中同学聚会，我去晚了，等到了，聚会已散。我隐约知道，我是有意晚去的，因我觉得，我的高中同学们不喜欢我。

【第二个梦】

一个三十多岁的男人，有点胖，身高约一米六五，一确认妻子爱他，就大哭，一边哭一边喊："我要去新疆！我要去新疆！"

他数次确认妻子爱他，也数次大哭。

【第三个梦】

这个世界是有毒的。梦一开始，一个画外音说。

梦中是一个灰色调的世界，到处毒气弥散，飞鸟中毒，落在地上死去，河里也零星漂浮着中毒死去、肚子翻白的鱼。到处是断壁残垣，像我的老家农村，但破烂很多，而一截塌了一半的矮墙上，爬着丝瓜藤，藤中，藏着一颗人头。

接着，出现了一个精神病男子，而画外音说，整个世界的毒，都来自他，那颗人头，也是他砍下的。他高高瘦瘦，高约一米七七，很结实，因精神病的影响，脑子是坏的，总是痴笑着。

不过，他却是一个强大的男子，想做什么就做什么，毫不犹豫。虽然智商有问题，但因心中无障碍，他总能轻松达到目的。譬如，他想见周杰伦，得知周杰伦到村里来开演唱会后，他直接去了周杰伦所住的酒店。说是酒店，其实不过是土坯垒成的房子，结构有点复杂。到了酒店，他拿了（真不叫偷，他没有偷的概念）一套服务员的衣服，坦然换上，又推了一辆服务员的送货小车，到了周杰伦所住的院子。周杰伦正和几个人聊天，他就推着车站一边看着，傻笑着。别人觉得他有点不对劲，但没有人去赶他。

离开周杰伦住的酒店，他去了一个广场，那是我童年时村里的一个晒谷场，有几百平米大小。干净的晒谷场上，几个三五岁的小孩在玩，他加进来一起玩，很快带他们跳舞。他们跳得越来越投入，越来越热烈，突然间，一个怪异而强大的能量场形成，包裹住疯子和那几个小孩。一个小女孩感觉不对劲，她发现自己起了性欲，她惶恐、大哭、想逃离，可这个能量场宛如铜墙铁壁，她出不去。广场边上的大人也感觉到了怪异，他们想冲进来，解救孩子，可进不来。

关键一刻，晒谷场边出现了一个二十来岁的和尚，他气质安静，又一脸正气。他打坐、运气，接着来了一声狮子吼，破了这个邪异的能量场。

这一晚上的梦，是我三十多年有记忆以来情绪最浓烈的梦。第二天，和女友开车去上班，她发现，我头上有了白发，一数，有五根。

对我的白头发，我很清楚。因原来就读中学时长过六根白发，并且就是从初一到高三，一年一根，非常准，上大学后，再没长过一根。但这一个晚上，就冒出了五根白发，让我多少体会到，一夜白头是怎么回事。

这三个梦，我都是做了一个后就醒来，醒来时有强烈的情绪。这时，我都是按照我在《梦知道答案》一书提到的方法进行自我解梦，即身体保持不动，不主动想什么，而是让感受和念头自然流动，看看会自动发生什么。

第一个梦很好解，说的就是我在人际交往中的自卑感。

2012年4月，我回石家庄参加了高中同学毕业20周年聚会。本来还计划五一去北京大学参加本科同学入学20周年聚会，但作为宅男，接连参加两场大聚会，很耗神，所以找了一个理由，也是意识上的真实理由——要写

《为何家会伤人》一书的升级版，推掉了本科同学聚会。

这个梦让我知道，写书不是真正的理由，真正的理由是自卑感，我觉得在同学中并不受欢迎。

第二个梦，则帮我深入理解了我的自卑感到底是什么。

这个梦一开始让我有些费解。我想，梦里那个胖子是谁？那是我吗？我身高一米七七，情绪表达不自然，而他身高一米六五，想哭就哭想笑就笑……但随即明白，他是我，他是我的一个子人格，是我主人格的对立面，也即荣格所说的阴影。

他哭什么，为什么而哭？对于这一点，我第一时间想到的是，妈妈说过，我一岁四个月前一直在哭，必须抱着，否则一放下就哭。因奶奶不帮我们家带孩子，所以妈妈就一直抱着我，为此干脆不去地里干活，成了我们村几乎唯一一个全职妈妈，受尽旁人白眼。到了一岁四个月的时候，突然就不哭了，同时也学会了走路。

我想，一岁四个月前的哭，就是第二个梦里男人的哭。婴儿时的哭，是因为渴望与妈妈建立链接，链接就是爱，这个链接整体上没形成，但一直都有希望，所以一直哭，用哭声来表达对爱的渴求。最后，突然不哭了，而那意味着对渴求链接的绝望。

心理学里有一个说法越来越深入人心：妈妈要陪孩子到三岁，三岁前不要有长时间分离。之所以如此，是研究发现，在良好的养育环境下，孩子到三岁时才能形成客体稳定和情感稳定的概念。客体稳定，即我看不见妈妈，但妈妈是存在的。情感稳定，即妈妈有时对我不好，但我知道，她对我的好是恒定存在着的。孩子有了这样的概念，才能承受与妈妈的分离。否则，他会将短暂的分离视为永远的被抛弃。

如孩子三岁前，妈妈与孩子有两星期以上的分离，就会造成不可逆转的被抛弃创伤。孩子形成的被抛弃创伤，不会因妈妈回来而自动化解，妈妈必须做很多努力。很多妈妈没修补的概念，或修补时因碰到了孩子的保护壳，而很快失去耐心。结果是，这些孩子的被抛弃创伤一直留在心里。

所以，有心理学家说，如果孩子三岁前，妈妈与孩子有了两个星期以上的分离，那么，请攒下让孩子看心理医生的钱吧。

用这个标准来衡量下中国家庭。试想，十几亿中国人中，能有多少人是幸运儿，在三岁前一直和妈妈在一起，而没遭遇两星期以上的分离呢？

我是一个幸运儿，没和妈妈怎么分离过，吃奶吃到四五岁，没挨过父母一次打一次骂，仅有一次爸爸不耐烦地吼了我一句，我还哭着找妈妈去告状。为何作为这样一个幸运儿，我的梦中和生活中，仍显示有严重的被抛弃创伤呢？

这涉及母婴关系的质量。

温尼科特观察了约六万对母婴关系，他提出一个概念：足够好的妈妈。意思是，若妈妈足够好，一个孩子就会形成基本健康的心理。足够好的妈妈有一个条件：原始母爱贯注。

所谓原始母爱贯注，即妈妈对孩子有心灵感应能力。他发现，许多妈妈在怀孕最后几个星期，和孩子出生后的几个星期，对孩子会非常敏感，能感应到孩子的需求和内在的心声。

当看到原始母爱贯注就是心灵感应时，我不禁惊叹一声，天啊，这是要让妈妈成为神一样的存在吗？

这句惊叹，也是我第二个梦的答案所在，也即，尽管我在中国已是幸运儿，没遭遇过严重分离，但我仍无缘得到温尼科特所说的原始母爱贯注。

这有两个看得见的原因。

第一，因长期遭爷爷奶奶和叔伯联手欺负，还曾被村干部在大喇叭上点名广播，说我爸妈是不孝子，他们都陷入严重抑郁状态。特别是妈妈，只要稍有冲突，她就会被气得躺在炕上不能动弹。我多次进行自我催眠时，都看到妈妈有气无力地躺在炕上,而幼小的我惊慌地这样碰碰她,那样碰碰她,希望她能给我一些反应,妈妈会挣扎着有些回应,但有时连回应都做不了,最后我无助地躺在她身边,依恋着无助的妈妈。

第二,妈妈那边的亲戚,都不习惯表达情感,就好像一表达情感,就会不好意思似的。

因这两个原因,我想我也没得到温尼科特所说的原始母爱贯注。

足够好的妈妈与原始母爱贯注

温尼科特提出了很多重要理论,而他最广为人知的概念,就是足够好的妈妈。

足够好的妈妈的关键,就是敏感,温尼科特称"一个真实的母亲对婴儿能做的最好的事情就是足够敏感"。他认为,婴儿最初追求全能自恋感,即,他想怎样事情就会怎样发展。譬如,他饿了,妈妈的乳汁就会送上来;他冷了,就有妈妈的怀抱;他想玩,妈妈会陪着他……实际上,这样的描绘远不足以表达婴儿的全能自恋感。婴儿甚至觉知不到他与妈妈的分别,他和妈妈一体,他和世界一体。所以,世界、妈妈与他的心意是相通的,而且完全按照他的心意运转。

足够好的妈妈,能够很好地满足婴儿对全能自恋感的追求,而一旦这种感觉得到了很好的满足,婴儿就可以接受生命中的挫折,接受妈妈、世界和他不是一体的事实。

要做到足够好的妈妈,细致的照料很关键,而与照料至少同等重要的,是温尼科特所说的原始母爱贯注。即,婴儿出生前后的数周时间内,妈妈对婴儿全神贯注,她全然关注新生命,而她的自我、个人兴趣、生活节奏和自己关心的东西都退到背景中去了。她的所作所为都是

> 为了适应婴儿的愿望和需要。
>
> 原始母爱贯注是一种很特殊的状态,不能持久,一般持续几周,并且"母亲一旦从这一状态中恢复就不易回忆起"。

第二个梦,还让我想到初恋。初恋开始是单恋,曾有三年时间,每天晚上做同一种噩梦:在各种各样的场合找她,但找不着。

2013年春节后,想买二手房,已看中,却看到"新国五条"出台,说二手房交易,房主要交20%的增值税。二手房是卖方强势,这部分增值税自然要买方出,看到这个条款,我又急又怒。结果,当晚又做梦,梦见去找初恋,还是找不到她。

醒来纳闷,这种梦已很久不做,这怎么了。随即想到那20%增值税带给我的情绪,然后明白,这两者有同样感觉——我最想要的美好事物,是得不到的。

初恋,是那时最想要的;房子,是我现在特想要的,当我升起强烈欲求时,这种爱而不能的梦就会袭击我。

第二个梦揭示的,是自卑感;第一个梦显示的,也是躲避同学聚会背后的那种自卑感。自卑感,貌似都是因某种条件而自卑,但其实所有的自卑,都是在爱面前的自卑。

每个人第一个最想要的都是母爱。若孩子时不能得到足够好的妈妈的爱,就会形成程度不一的自卑感。自卑一旦形成,就会导致一个矛盾:渴望爱,但当爱真降临时,却又会焦虑紧张到极点。

第二个梦中,那男子一感觉到妻子的爱,会大哭,会喊着去新疆,就是这一矛盾的表达。确认妻子的爱了,但随即不安,要逃离,要逃到"心"的疆界。

爱是什么?爱存在吗?每个人都会思考这个问题,法国著名哲学家雅克·德里达①甚至说：所有的爱都是不可能的。他的意思是，你要放下对绝对之爱的渴望，才能看到真实的爱存在。

在这个问题上，温尼科特给出的答案是母亲与婴儿的心灵感应，而我最喜欢的说法，是以色列哲学家马丁·布伯的"我与你"。布伯说，当我在关系中放下了所有的期待和设想，不再将你视为我的目标或实现目标的对象，我就可能在某一瞬间与全然的"你"相遇。

不过，马丁·布伯说的"你"，是上帝。他的意思是，若我突破"我"这个概念的框架，即可能在某一瞬间，我的神性与你的神性相遇，从而构建了"我与你"的关系。

若将温尼科特的原始母爱贯注和马丁·布伯的"我与你"结合在一起，那就可以说，心灵感应，即是遇到上帝。

基督教说，信上帝才能得救。温尼科特的心理学说，心灵感应的发生，才能让婴儿构建真正的安全感。原来，这是一回事。

文章写到这里，说实话，已超出我的设想。我事先并未想到，这篇文章会谈到，心灵感应就是遇见上帝。

这就是文字或真正思考的力量。真正的思考，是一个单独的生命，它走到哪里，是思考者控制不了的，只能服从。

第三个梦是怎么回事？如果说，心灵感应的爱就是上帝，是天堂，这个梦所看见的，就是地狱。

2012年6月做了这三个梦，当时只以为是自己内心的图景，真没想到，这就是我所生活着的现在中国的真实图景。梦中，空气有毒，河水有毒，色

---

① 雅克·德里达（Jacques Derrida，1930~2004），法国哲学家、西方解构主义代表人物。代表作有《书写与差异》《论文字学》《播撒》等。

调是灰蒙蒙的,不正是当下中国的真实写照吗?它怎么如此逼真地存在于我的心中?并且,还是我创造的?

以前,我的梦中常出现恶魔,它们是一种原始的、不能沟通的、只是一味搞破坏的形象,譬如一个梦中,一个有无穷力量的巨人,没有目的地行走着,挥舞着一个巨大的流星锤,砸毁它经过的一切建筑。

现在,这个梦则清晰地显示,恶魔,就是我自己。梦中的精神病男子,身高和我一样,瘦而结实的身材,也是我高三至研三的身形。并且,他的容貌,正是我的容貌。

以前梦中恶魔的那种原始形象,还是我意识不可直接解读的,虽然意识上知道恶魔就是我内心的一部分,这个梦则让我无法否认,恶魔就是我自身。

这是多么难接受的一点。现实中,我一直视自己为好人,而从记事起,我就是一个超懂事的小大人,小时候不给父母添麻烦,大了不给别人、单位和社会制造麻烦,不自觉地都要想着付出,沾一点便宜就愧疚,如果不是学心理学,我势必会成为一个超级好人。然而,这个梦却对我说,你是魔鬼!

不过,事情不能就此结束,还要继续思考:这个魔鬼,到底是什么?

这个精神病男子,他不用做什么就让整个世界中毒,并带来鱼、飞鸟和人的死亡,就像死神,而他还带来了性。这不正是弗洛伊德所说的死本能吗?也可以说,他身上流动着原始的性与攻击——弗洛伊德所说的人类两大驱力。

弗洛伊德的女弟子克莱因说,婴儿先天处于可怕的心理状态,也即被死本能纠缠的状态,是母爱,让一个婴儿的内心得以转变。

不过,曾找克莱因做过多年治疗的温尼科特,在这一点上有自己的意见。他认为,婴儿可怕的偏执分裂状态,是护理环境失败的结果。也即,没有原始母爱贯注,没有足够好的妈妈,婴儿会坠入到孤独与黑暗中。

若依照温尼科特的理论,我的第三个梦是第二个梦的结果,因第二个梦中不能相信爱的存在，从而跌入到第三个梦的地狱之中。

但在克莱因看来，我第三个梦更原始，第二个梦中若确认了爱，是可以救赎第三个梦的。

谁对谁错？或许，这个理论上的分歧并不重要，重要的是他们的观点有一致性：若无足够好的母爱，一个人的内心就有很大一部分坠入到黑暗中。

不过，这部分黑暗并非全是缺点。那位精神病男子，虽智商不高，但有强大能量，做事绝不拖泥带水，什么目的都可达到。

这与现实中的我截然相反。现实中，我是好人，智商尚可，但强大这个词与我没有关系，我多数时候消极而被动，做事总拖泥带水，考虑太多。

如果我有精神病男子的这些特质该多好！再进一步说，如果我能拥抱第三个梦的黑暗，该多好！

比起前面两个梦，第三个梦的意象要丰富很多，解析起来也很有价值。

先说说那颗人头，头即头脑，即理性，即思考，即超我，而精神病男子恰恰就像是有身无头，他智商低，且从不思考，他只是第一时间做自己想做的。他是我的本能、我的欲望、我的本我，它的自由展现，必须在无头的情形下才可以实现。所以，这颗人头是精神病男子砍下的，也是我砍下的，必须砍下人头，精神病男子所代表着的本能力量才能涌出。

再说说周杰伦。他的歌我没感觉，但他的人我喜欢，觉得他自在，有自我力量，而本能也没压抑。再者，他大有名气。而我，是小有名气，梦中接近他，意味着我想向他靠拢。但这一部分，我通常并不怎么承认，我总觉得，名气是我专心写专栏自动带来的，而不是追求来的，我无欲无求。如此可看到，我否认自己对名气的欲望。

其实，在现实中，我否认自己的所有欲望，即精神病男子代表的那一面。

晒谷场是梦中最生动的一幕。疯子和几个三四岁的小孩跳舞，引导出他们强烈的性能量，这能量都形成一个电影《大武当之天地密码》里天丹运行时的那种气场。三四岁的小孩，按弗洛伊德的理论，正处于俄狄浦斯期，刚有了性意识，并且是指向自己的异性父母，而与同性父母竞争。俄狄浦斯期若不能过渡好，会导致种种性问题，常见的是压抑。

梦中，性能量先让一个小女孩不安，而后让晒谷场上的大人恐惧，最终出现了一个二十来岁的小和尚，才破了这个性能量场。

这是梦的结束。也许，这正是我童年的终结。精神病男子所代表着的原始能量，经过种种挣扎，最后，归一到代表着无欲无求并且无害的小和尚这一经典形象中。

小和尚的形象，确实是我多年来的形象。中学和大学拍的照片，我脸上有一种义正词严的味道，而心中，则是落寞与无欲。

这绝非什么心灵的力量降服了本能，而是理性的力量压制了本能。甚至可以说，是理性克制住了生命之水的自然流淌。

概括来说，第三个梦，揭示的是我的原始能量，是如何被看待，又是如何被驯服的。

第二个梦，讲的是爱。第三个梦，讲的是原始的生命能量。

将两个梦结合起来看，可得出一个结论：若没有爱，原始的生命能量，会被视为可怕的魔鬼，但若有爱，原始生命能量被照亮，那么，这就是生命本身。

原始的生命能量，弗洛伊德称之为"力比多"，而温尼科特则称为"活力"。力比多一词非常有力，而且有一种原始的感觉，但活力一词更能说明问题。

温尼科特认为，若有一个高质量的母子关系，儿童的活力会被接纳，于是得以伸展。儿童认识到，他的活力不会伤害这种关系，不会被母亲所讨厌，相反会促进母子关系。于是，他就不必压抑自己的活力，他的行为，都是很自然地出自内心，都是自发性的，而不是让妈妈高兴。并且，孩子深信，他自发性的行为，是有益于这种关系的，所以就能以人性化的方式呈现。

相反，若母子关系缺乏质量，特别是妈妈不能接纳孩子的活力，看不到孩子的感受，而希望孩子顺从自己，那么，孩子的活力或者说生命能量之流，就被阻断了。孩子发现，他的活力，会伤害与母亲的关系，那么，他会发明种种策略来压制自己的活力。

具体到我自己身上，我没挨过一次打，没挨过一次骂，每一次重大的人生选择，父母从不干预，他们也不会否定我的感受。不过，我患有严重抑郁症的妈妈，没有精力呵护我的活力。我最原初的那些活力，也即种种欲求和声音，对妈妈会是一个挑战。再大一些，当我带着活力在世界上——也即我的村子里——冲撞时，若带来麻烦，那也会是在村里处于弱势的父母难以应对的。

至少，妈妈到现在还会常说一句话——"安静。别吵了。"她说这些话时都不会使用感叹句，而像是陈述句。

温尼科特认为，活力是每一个生命与生俱来的，它要向外界伸展自己，索要存在空间。妈妈要肯定孩子的活力，而不是压制。但流传的育儿经中，教导父母打击孩子活力的声音比比皆是。譬如新浪微博上流传这样一段文字：

> 从孩子出生开始，父母就要训练他们使其有能力对自己的欲望说不，并且愿意顺服父母。孩子们要懂得，这个世界不是围着他们转的。孩子在年幼时的意志若没被降服过，他就会以为他应能得到任何他想要的东西。最终，他就会产生一种受害者的心理：他永远没错，别人要为他的痛苦负责。

这样的文字之所以产生，在我看来，也是害怕我第三个梦的东西。

活力，即力比多，即欲望，源自我们共同的生命之河。如果孩子发现他能通过活力，先与妈妈，而后与爸爸，乃至更多亲人甚至整个世界建立关系，那么，他的活力或欲望就会成为流动的生命之水。相反，若他的活力或欲望总被否定，那他要么成为我梦中的和尚而无欲无求，要么干脆就做一个黑暗的人，让自己的欲望以黑暗的方式表达出来。

任何一种带有心灵感应的爱，都可以让阻断的生命之水重归流动，特别是爱情。

心理学有一个概念叫体重的心理平衡点，其意思是，若无重大的心理事件发生，一个人的体重会一直保持相对的稳定。对此，我有深切的体会。有十年时间，我的体重一直保持在120斤左右，最高不过124斤，最低不过116斤。为了增肥，我试过多种方法，都无效。但有了一段很好的恋爱后，再用以前用过的方法增肥，一个月内竟然长了约15斤。

以前虽然知道恋爱让我体重的心理平衡点得以打破，但不知为什么。今天再想起增肥一事，我想，是恋爱让我的生命之水在一定程度上流动起来，而终于滋养了我。

这和三个梦中的道理是一样的。若第二个梦中的爱得以确认，第三个梦就不会如此黑暗了。

这三个梦是我的大梦。大梦，也即超重要之梦，这种梦意味着，一个人不仅碰触到了个人最深的无意识，也碰触到了社会乃至人类的一些共同的无意识。

我想，第二个梦的缺憾和第三个梦的黑暗，也是中国人的集体无意识。这有很大的合理性，因为，在一直重男轻女的中国，是没资格普遍得到高质量母爱的，这导致太多人会有我第二个梦的缺憾，并且更严重。因这一缺憾，太多人的欲望只能藏于黑暗中，而一旦追求欲望时，就以黑暗的方式呈现。

最容易的一点就是，一个又一个的母亲觉醒，一个又一个的家庭觉醒，家庭支持母亲，而母亲支持孩子，让孩子三岁前体验到，他的欲望是很好的活力，是被接纳、被祝福的。

碰触你的内在婴儿

父母能给孩子最好的礼物，就是爱与自由。

爱，这个含混的词，大家都能接受。毕竟，太多父母觉得，自己怎么对孩子都是爱。

可自由呢？每当我讲课时谈到要给孩子自由，总有人问我，那孩子要杀人放火怎么办？

这并非对我的质疑，而是这些大人真的焦虑，若给孩子自由，孩子就会做出破坏性的事情。

这是怎么回事？简单说，可以理解为，问这个问题的人，他们内在有一个充满破坏欲望的小孩，他们一直花力气控制这个内在小孩，而一旦放开控制，他们就担心这个内在小孩驱动自己做很多可怕的事情，如杀人放火。

然而，这个可怕的内在小孩是怎么形成的？

咨询师个人的突破性成长，会带来个案的突破性变化。

这个道理，在我身上屡屡呈现。

2012年6月底，我做了那三个让我一夜长五根白发的梦之后，我的咨询也常常进入一种很深的境界。简而言之，在我的咨询中，来访者开始很容易地去碰触到自己的内在婴儿。

第一个突破性的个案，是在我做那三个梦后不久，发生在一位男性来访者的身上。

那次咨询，他的问题是，妻子想要孩子，而他抗拒。两人为此吵了一架，第二天他在咨询中谈起了此事。

为什么他不想要孩子？他说，有两个原因。

第一，他感觉在和妻子的关系里，他是个孩子，而妻子是妈妈的角色。他很依恋这种关系。但妻子说了，她讨厌这种感觉，如果他们真有了一个孩子，她就会丢开他不管，把精力都放到孩子身上。也就是说，如果真有孩子了，他就被"老婆妈妈"给抛弃了。

第二，他感觉和妻子还不够亲密，他们的关系质量有问题，总激烈地吵架，他觉得还没到要孩子的时候，他没准备好。

两个理由听上去合情合理。我们是视频咨询，他讲得投入，我听得投入。专心听他讲的时候，突然间，我有了奇异的感觉，觉得书房的空气变了，有了一层诡异的色彩蒙在每一件物品上，我的身体也有了说不出的感觉，像恐惧，但恐惧又不足以表达出那种感觉。有点像自己见了鬼一样。

我将这种感觉告诉他，但没对他说像见鬼一样之类的话。听我描述这种氛围时，他一下子不行了，身体僵直在他的椅子上，充满恐惧地对我说："我看见了！我看见了！"

我问他看到什么了。

他的身体和声音都颤抖着说，看见一个婴儿。并且，一股冷气从他尾椎升起直冲到后脑，他的身体不能动弹了。

咨询中有时会碰到这种情形，一种可怕的意象将来访者吓到，令他的身体僵直在那儿，不能动弹。这时，我深信这是非常有道理的，所以不会慌，而是先和自己身体保持链接——即感受自己的身体并觉知自己的感受。然后，引导对方做感受身体的练习。

练习的步骤可以从头到脚，也可以从脚到头。我一般喜欢从脚到头，先让来访者感受双脚放在地上的感觉，假若时间充裕，可以一点点感受每一个脚趾，再到脚心、脚后跟、脚踝……然后到小腿。这样一点点地感受整个身体。同时，保持很自然的呼吸。

这个办法非常有效，既可以让来访者镇静，也可以让来访者放松下来。果不其然，这样进行了约十分钟后，他的身体可以动弹了。

这时，我问他，他看到的婴儿是什么样的。

他仍心有余悸地说，一个很小的婴儿躺在那儿，浑身散发着蓝光，那种感觉就像日本第一恐怖片《咒怨》中的那个鬼孩。他试着去碰触这个婴儿，而就在他的手将碰触到婴儿那一刹那，婴儿发出"嗷……"的一声猫叫，就像《咒怨》中那个鬼孩的叫声。这让他感觉很恐怖。

我接着问他：如果你是这个婴儿的话，你觉得他的感受是怎样的？

他体会了一会儿说，有两个感觉：第一，很绝望，这个婴儿觉得没有人爱自己；第二，怨气冲天，他想毁了这个没有人爱他的世界。

我又问他：那你想对这个婴儿说什么？

听我这么说，他的眼泪一下子流了下来。他说："我想对他说：'抱抱，让我抱抱你。'"

这一刻，他瞬间明白，这个婴儿，就是他自己。

并且，是他最深的自己。

这次咨询让我想，莫非我第三个梦的精神病男子，和他这次的鬼婴儿意象,其实是一回事?

也即,我们都是最初的母婴关系出了问题,都不能在婴儿时与妈妈构建很好的链接,结果导致我们内心中都有严重的缺失。

当时,这还是一个假想式的推理。但很快,其他一些个案的进展验证了这个推理。

譬如,一位女性来访者,她在怀孕时做了一个梦,梦见了一个四岁左右的恐怖小孩,一样是觉得没有人爱自己,浑身散发着蓝光,在诅咒这个世界,恨不得让整个世界消失。

后来,我在微博上发起了一个调查,让网友们练习做"碰触你的内在婴儿":

闭上眼睛,安静下来,先花五分钟感受身体。足够放松后,想象一个婴儿在你身边……

他会在哪个位置?他是什么样子?什么神情?看着他,他会和你构建一个什么样的关系?

有人的意象很好,他们看到的婴儿很快乐、很满足,譬如:

◇看到一个婴儿吃饱喝足、心满意足,趴在我身旁地毯上,抬着头调皮地眨着眼睛和我逗着玩。

◇我躺在他右侧,一个眼睛大大、咧着嘴笑的男婴,光着身体穿着尿不湿,好可爱的样子,忍不住亲了又亲,逗他玩,哈哈!好喜欢他!把他抱在怀里,将他当作上帝给我的礼物。

◇她躺在我右侧,咿咿呀呀手舞足蹈,不时看我一眼,眼神平静,很愉悦。

有人的意象一般，譬如：

◇她在我右后侧，像小猫一样，静静拉扯我的胳膊，想让我注意她。
◇刚出生的粉色婴儿趴着睡在我旁边，我想去拥抱他，但是没敢，怕伤害他、吵醒他。

有人的意象中，他与婴儿的关系不怎么样，譬如：

◇我的脸，在冷笑。
◇在我的右侧，他一动不动地睡在棉褓里，只露出一张小红脸，闭着眼睛，面无表情，似永远睁不开眼睛。我的婴儿好像没有呼吸。我看到他，不知如何是好。
◇那婴儿在我腹腔右侧，非常哀伤和恐惧，看到我靠近，就向后退，充满怨恨，而我发现自己也并不爱他或她。我很想转身离开，因为这样的关系怎么都是痛苦的。

有人的意象就很恐怖：

◇总是无法做类似的练习，开头居然睡着了……回过神来却又无法想象一个婴儿，只看见一个塑料娃娃在对面，我害怕……再想就是真实的孩子模样了，或许因为孩子正在身边睡？
◇我发觉小婴儿躺在我身边，很无助很可怜，她很难受却不说话，我特别特别想去抱抱或亲亲她。为什么我现在一想到这幅画面就想掉眼泪？

◇我的第一反应是日本的恐怖片，然后就不敢想下去了。我是不是有什么问题啊？

◇好瘦小、好干瘪的孩子，看到他就心疼得想哭。非常安静地蜷缩在那里，好想给他一个温暖安全的怀抱。

◇好害怕，救救我，内在的小孩在右边，好像泡在深渊里一样，身体的大陆被硬生生挖去一半，好冷啊。

◇身边有一个婴儿，这个场面让我不寒而栗，像是日本的恐怖片，我不敢细想。

◇那个小婴儿傻呆呆地坐在椅子上，一动也不敢动……

◇一个很没有安全感的婴儿，感觉妈妈会杀了他或会摔他，怎么办呢？

◇老师啊，我实在不愿说，我看到旁边一个四肢扭曲的怪胎婴儿啊，我好害怕都不敢看啊。一秒钟就睁开眼了。

◇我一闭上眼睛联想，就浮现出《咒怨》里那张脸，非常恐怖。

◇我看到的婴儿在我右侧悬浮，有蓝绿色冷光包围，她自己的手脚抱着自己，没有表情，闭着眼，我好奇地看她，她不理我，我和她说哈喽，她干脆转过身去睡觉。好冷漠的感觉。

◇她把自己全部包裹起来，充满拒绝、防卫和攻击，好像我让她非常不安，同时感觉腹部很不舒服，我该如何做？这也是我与母亲的关系。

◇试着想象了一下，是一个面目狰狞的婴儿，先是越爬越远，后来到我身边咬我的胳膊。我很害怕，但是我感受到了她的恐惧，对她说：对不起，对不起，曾经我是那么想杀死你，请你原谅我。

◇我的妈呀，我感到躺在我身边的婴儿已经死了，全身紫黑色，四脚朝天，哦，不，四肢朝天。

有人则是根本不敢做这个练习，一位网友说：好害怕！不敢想！

光说在微博上的调查。觉得内在婴儿恐怖或与之关系差的，占了多数，并且恐怖的占了有三分之一。

我办过一个六天的课程，共四次。每次的第一天都讲母子关系，而当天晚上很多人会梦见去寻找一个小孩。并且，很有意思的是，无论男学员还是女学员都梦见去找男孩。

在带一个25人的学习小组时，我也带领大家做了这个练习。一样，有一个健康活泼的内在婴儿的学员，占少数，而多数是不怎样的，有三分之一的内在婴儿很不怎么样。

根据对他们的了解，我判断，他们看到的婴儿，的确是他们的内在婴儿，也即他们自己婴儿时的样子。

譬如，一位年轻女子说，她看到的婴儿，脸是不完整的，身体也不全。那是因为，她在婴儿时很少得到妈妈的关注。正如我在本书一开始讲到的，妈妈看见了婴儿，婴儿才知道自己是存在的。妈妈很少看见她，所以她的内在婴儿是残破不全的。

残破不全的内在婴儿，也就意味着，她的自我形象是破碎的。这种感觉很不好受，为了对抗这种破碎，这位女子从很小的时候就发展出一种策略——努力成为一个完美的女孩。

这是很常见的自我保护方式，而这也的确在相当长的时间帮助了她。不过，这种完美形象，会成为一堵墙，挡在她和最亲近的人之间，阻碍她构建最亲密的关系。不过，她在一次痛哭中，让纯粹的悲伤、自由的泪水，在相当程度上化掉了这堵墙。此后，她觉得自己真实了很多，也自在了很多。

这是碰触真实自我的必然结果。碰触真实的自己，特别是内心最深处的内在婴儿，可能很恐怖，可能很痛苦，但却会让我们变得真实。

有时这种碰触会非常艰难。我一位好友，他做类似练习时，因为恐慌至极而不敢做。那是因为，他的妈妈在五十来天的产假结束后，就开始上班，而此后他有很长一段时间，就独自待在家里。邻居后来对他妈妈说，那时他的哭声之惨烈，让他们都害怕。

依照心理学的理论，让这么小的孩子独自一人待着，是最恶劣的做法，他很可能得最严重的心理疾病，譬如精神分裂症和躁狂抑郁症等。事实上还好，我没在他身上发现这种可能性，但是，他的确是将自己防御得特严密，这导致他不能构建稳定的亲密关系。

一位网友在我微博上说，她常做一个梦：她很幼小，躺在床上，旁边有只巨大的老鼠，她害怕至极，担心老鼠咬她，她的手还会抠旁边的墙，黄土被她抠了下来。后来她了解到，她在生命最初的几个月，就是这样独自躺在床上的，床旁边是土墙，有时会有老鼠出没。

新中国成立后，妈妈们的产假一直很短，最初只有四五十天，后来也不过三个来月，而依照心理学的理论，**孩子至少要让妈妈带到九个月，才能保证这个孩子有一个最低的心理健康基础。**

想象一下，如果我们国家的无数孩子，以及无数成人，在婴儿期都是独自长大，那该多恐怖。

不仅城市如此，农村也一样。我河北老家农村的长辈们说，他们那时孩子太多，带不过来，就是将孩子放在炕上自己待着，而大人们去地里干活，常常孩子就这样自己待着，一直到能走路。

难怪中国人做"碰触你的内在婴儿"练习时，会有那么多人有非常恐怖的意象，而这种恐怖中均有两个元素：

一、没有人爱这个婴儿；

二、这个婴儿想毁灭这个没有爱的世界。

第一个元素，会让一个人形成很深的绝望感和饥饿感，绝望是因觉得爱是不可能的，饥饿是因为渴望爱。这两点相互作用，就会在内心中形成一个黑洞。有这个黑洞的人会知道黑洞的存在，而且会觉得黑洞永远无法填满。

第二个元素，会让一个人有可怕的愤怒与怨恨，我曾梦到的挥舞着巨大的流星锤砸毁一切建筑物的巨人，就是这种可怕的愤怒与怨恨的表达。

《咒怨》中的鬼小孩，我那位来访者感觉到的鬼婴，则是更形象的表达，没有血色的脸，是缺爱，而泛着蓝光与可怕的叫声，是可怕的愤怒与怨恨。

如此可怕的内心，我们能怎么面对？简单的答案是：将这一切压抑到潜意识中去。

压抑到最严重的地步，就是彻底切断与自己内在婴儿的链接，好像它的特质在自己身上都不存在了。

然而，我们又会寻找一切机会，试着与它建立链接。

看到我内心有一个饥渴而恐怖的内在婴儿后，我很快也明白了，我为什么几次恋爱，找的都是小女孩一样性格的人。特别是现在的女友，她对自己的欲望非常执着，对金钱非常在意，个性也丰富多变，攻击性也很强，在捍卫她和我以及亲朋好友的利益时果断有力。这种个性一开始吸引了我，但到一起之后给我造成很大困扰。我经常想，为何她就这么自私，这么不考虑别人，欲望这么多！

做了那三个梦后，我找到了答案。我成为一个无欲无求的和尚，但却与自己的原始生命能量切断了联系。结果是，我过于理性，有些刻板。这都是弗洛伊德说的超我在主导一个人。我从记事起，就是一个小大人形象，感觉是，我从来没有过童年，只是偶尔有孩子气的画面。

我女友则一直就是个孩子，她活在自己的欲望中，这让她看起来有些自私，但其实，真到了要关心人的时候，她比我更温暖，也更有力度。认识她的时候，她已24岁，但看上去就像十七八岁。

我和她在一起，她向我要的是稳定感，她的内心太多动荡了，而我向她要的是孩子气。我的内心太成人、太僵化、太刻板了。

但我总对她有不满，希望她放下一些欲望，更能为别人考虑。直到做了那三个梦，明白我与自己的活力严重切断了联系后，我才懂得，我是通过选择像小女孩一样的她，试着与自己内在的小孩恢复联系。

悟到这一点后，对她的不满一下子少了很多。

我和她这种搭配，在现实中很常见。一个理性而刻板的无欲无求的好人，找了一个感性、灵活而总觉得不满足的坏人。好人缺乏活力，缺乏积极性，而坏人虽然活得痛苦，不能像好人那样对太多事都若无其事，但坏人有活力，他们解决问题的能力，常常胜于好人。

这是我个人的故事，当然也是太多人的故事。我们的家庭和社会也有种种复杂的机制，辅助个人一起压制他们可怕的内在婴儿。

譬如，中国的家庭中，大人对孩子的活力有一种普遍的恐惧，孩子无论做什么，大人们都忍不住想限制他。你这样做不对，那样做不好，你要听父母的话，父母让你做什么你就做什么。就是，孩子的自发行为，很容易遭到父母等大人的种种限制。

我自己想，这很可能是源自大人们恐惧自己内心这个恐怖的婴儿，觉得这个恐怖婴儿的自发行为会引向绝望与破坏，所以要限制他、疏导他。

至于我们的社会，更是有一整套思想和种种方式，来束缚、管理一个个个体的活力。这一整套思想就是以儒家为代表的思想。

美国学者孙隆基在他的著作《中国文化的深层结构》中说，中国人常会身心分离。特别重视身，讲究安身立命，特别在意身体健康。但是，中国人的"心"，却必须为别人的"身"服务。并且，也只需为对方的"身"服务，做到这一点就已经很好了。

愚孝是怎样炼成的？——对迎合者的心理分析

> 你过去一定是拼命地努力去做一个你母亲可以轻视且折磨的孩子，因为你一直都害怕如果不这样做，你对她来说根本就是不存在的。
>
> ——谢尔登·卡什丹[1],《客体关系心理治疗》

2008年初，天涯杂谈上出了一个神帖《北大博士殴打岳母，六次惊动110！》，称北京大学佛学博士孟领殴打岳母，这个帖子只在第一页赢得了一些同情，因明眼人很快看出这个帖子漏洞百出，于是网友们很快变成一边倒地同情孟领与妻子，并攻击其岳父母与小舅子。

事情的基本脉络是：孟领的岳父母让女儿为儿子买房，女儿答应了，但买房有困难，结果岳父母看中了女儿的大房子，最终引起纠纷，而纠纷时不是女婿对岳父母动手，而是相反……

---

[1] 谢尔登·卡什丹（Sheldon Cashton），美国心理学家，著有《互动心理学》等。

事情的关键是孟领的妻子对自己父母过于顺从。孟领曾以网名"言有尽意无穷"在天涯杂谈上发表了《关于腾房案的几点声明》一文。文中有如下一段话：

> 我妻子很愚孝，这是此事之所以戏剧化和极端化的原因之一，也是我们难以及时处理家庭危机的原因之一。直到2008年1月19日污蔑我的帖子出笼，我妻子才算真正认识了她的父母。这不能怪她，谁愿意早早地接受根本不被父母疼爱的现实呢。

什么叫"愚孝"？即孩子会不惜牺牲自己、自己配偶和孩子的利益，而一味地对父母做出极大的牺牲。

并且，很有意思的是，"愚孝"经常会以一种戏剧性的方式出现：父母对一个孩子进行似乎没有餍足的索取，同时却对另一个孩子给予无限的付出。

北大佛学博士一事有类似的嫌疑。孟领在接受媒体采访时称，他岳父母之所以想占女儿的房子，是为了把房子留给儿子。

孟领的说法是否属实，尚需进一步确认，但"向一个孩子狂索取，向另一个孩子狂付出"这样的故事，在我同样发表在天涯杂谈的《谎言中的No.1：没有父母不爱自己的孩子》一文中，可以找到大量例子。例如，一个网友在我这篇文章中留言说：

> 我的父母都重男轻女，因此从小在家我没有得到过重视和爱，那是给弟弟的，留给我的只有轻蔑和侮辱。我清晰地记得一些事，它们使我现在仍心寒。
>
> 父母已经把他们的所有财产转到弟弟名下，母亲说我如果也想得到他们的东西就是不要脸，女儿应该去继承婆家的财产。但是，他们遇到

任何麻烦困难都不会忘记我，知道我不好意思不孝顺他们，从不忘记可以从我这里索取。

从内心讲，我愿意付给他们抚养费，如果他们卧病在床，我可以请人照顾他们，但是我没有感情给他们。他们也没给过我，看到弟弟对他们并不怎样孝敬，我很难过。可是即使如此，他们也明显地偏袒弟弟。

为什么一些父母会对一个孩子没有餍足地索取？这可以在孟领岳父写给女儿的一封信中找到答案。在这封信中，这位退休的英语老师写道：从生命的价值观来看，你永远欠我们的，还不起。我们住你的房，你还欠我们的。

仿佛是，仅仅因为生下了孩子，一些父母就认为孩子永远欠自己的，所以就可以大肆索取了。

但是，这些被过分索取的孩子，难道就不知道父母的行为过分吗？为什么他们反而会对只知索取的父母进行无限付出的"愚孝"呢？

最简单的答案是，这是他们能亲近父母的唯一有效方式。

迎合者的武器是内疚

此前，我在《支配与服从：病态关系的双重奏》一文中，谈到了四种病态的维持人际关系的方式，分别是权力的游戏、依赖的游戏、迎合的游戏和性感的游戏。

权力的游戏和依赖的游戏，我已经详细分析过，而"愚孝"者所使用的即是第三种病态的方式——迎合的游戏。

所谓迎合的游戏，概括成一句话：我为你做了这么多，你必须爱我，否则你就是不爱我，你这个大坏蛋。

不过，迎合者通常只意识到自己在付出，在奉献，而意识不到"否则"的威胁性信息。如果你和迎合者交流，你会发现，他们似乎是那种能给予无条件的爱的人，因他们在频频付出后，经常会表示，他们的奉献不需回报。

但实际上，迎合者会不自觉地使用一些办法，提醒接受者："你欠我的。"卡什丹在他的著作《客体关系心理治疗》中谈到了这样一个例子：

> 海瑞因塔是一个中年单身母亲，有两个十多岁的孩子。她每天要开车接孩子上学和放学，当孩子坐上车后，她一定会提醒两个儿子锁好车门。然而，当孩子们试图这样做时，却发现车门已关好。
>
> 这位妈妈在做什么？她为什么会多此一举？

对此，卡什丹的解释是，这是迎合者的经典行为模式。锁好车门是意识层面的奉献，海瑞因塔以此显示，她是一个无微不至的妈妈，而提醒孩子们去锁车门则是潜意识驱使的，她潜意识里希望孩子们发现，妈妈已做了奉献。

歉疚感可能是我们最不愿意面对的一种感觉，尤其是，有人替我们做了我们本可以轻松做到的事情后，还巧妙地想给我们留下歉疚感，这会令我们感到非常愤怒。

然而，迎合者不仅在助人时细致入微，也非常谨慎小心，他们会向你很卑微地表示，他们只是想帮你而已，不需要任何回报，你不必有压力。

面对这样的人，一开始我们很难能表达愤怒，我们甚至会因为自己心中的怒气而感到内疚："我怎么能对这么好的人生气？"

不过，如果这样的事情越来越多，你的愤怒会越来越难以遏制。于是，你要么向别人表达怒气，要么干脆远离这个迎合者。

海瑞因塔的两个儿子就是这样做的，他们成了问题少年，常在学校和社会上制造一些麻烦，而这是他们表达愤怒的方式，这愤怒本来是要对妈妈表达的,但妈妈这么好,他们怎么可以生妈妈的气,于是他们把愤怒发泄到别处去了。

并且,他们和妈妈的关系也越来越疏远,这疏远是为了减少妈妈迎合自己的机会,那样就可以少一些歉疚感了。

迎合者干吗要这样委屈自己?

这也是支配者为什么钟情权力、依赖者为什么喜欢依赖的原因。

我们都想与别人亲近,但很多人只学会了一种与别人亲近的方式,支配者学会了权力的方式,依赖者学会了示弱的方式,而迎合者学会了奉献的方式。

更糟糕的是,因为迎合者只相信迎合的方式,所以当对方疏远他时,迎合者在恐慌中会对付出更加执着。但他越付出,对方越想逃离,由此成了一种恶性循环,最终迎合者最在乎的关系反而断裂了。

这就是海瑞因塔和她两个儿子的互动过程。在她没有改变迎合的行为方式前,她越努力,孩子们就越想远离她。

父母越冷淡,孩子越迎合

不过,迎合的游戏并不是永远无效的,实际上,在迎合者的童年早期,这是他们能靠近父母或其他养育者的唯一方式。

我在天涯杂谈的《谎言中的 No.1:没有父母不爱自己的孩子》一帖中,有很多个可以称为"愚孝"的迎合者,几乎都是女士,而且其父母都重男轻女,会对男孩百般溺爱,对她则严重忽视。对这样的女孩而言,她们最容易靠近父母的方法就是去奉献,或者为父母奉献,或者为兄弟奉献。

现实生活中我见到的这种例子也不少。我的好友、31 岁的茜茜就是一个典型。

茜茜是家里最小的孩子，上面有两个姐姐和一个哥哥。按说，她作为老小应该最受宠，但事实恰恰相反。原来，妈妈怀孕时，很想要个儿子，也觉得这次肯定会是个儿子，没想到生下来却是女儿。因为这个，妈妈和爸爸一直对她有点视而不见，但对其他三个孩子都堪称溺爱。

在这个家庭中，茜茜很小就变得极其懂事，生炉子、买菜、择菜、做饭和打扫卫生等家务成了她的例行工作，而姐姐和哥哥从来都不必做这些。她变得这么勤快，部分原因是父母希望她这么做，而主要原因则是茜茜自己的选择，她只有通过迎合的方式，才能获得父母一点可怜的关注。

不过，这种主动奉献中藏着渴求——"请你们把爱分给我一点吧"，也藏着愤怒——"我做得这么好，你们还不爱我，你们太坏了"。

这是她的想法。对父母而言，因为她的生命分量很轻，所以，她的奉献很少会引起父母的歉疚感，他们反而会觉得这一切都是理所当然，当茜茜偶尔不想再这么做时，他们会觉得不适应，会训斥她甚至打她，而对茜茜而言，更可怕的是，父母会对她更加视而不见。

所以，如果父母对一个孩子越冷淡，这个孩子越容易成长为迎合者。

愚孝源自不甘心

导致迎合的核心原因是恐慌，迎合者之所以只奉献不索取，是因为他们担心一旦开始索取就会令关系疏远甚至断裂。

等长大后，孩子与父母的力量对比已发生改变，而且孩子的世界已打开，他拥有了很多其他关系，对父母已不再依赖。但是，作为一个迎合者，他心中的恐慌并未消失，他仍认为奉献是能与别人拉近关系的唯一方式。

并且，自幼以来对父母持续了很久的渴望——"请你们把爱分给我一点吧"——因为一直没有实现而变成了一个魔咒，导致一个人会一直执着在这个没有实现的愿望上。为了实现这个愿望，他愿意在成年后做出更大的奉献。

渴望实现童年一直没实现的愿望，就是"愚孝"的核心原因。

于是，我们会看到大量的这种例子：那些最被父母忽视的人成家后，常常严重牺牲配偶和自己孩子的利益，对父母百依百顺，而父母却总是把他们奉献出来的钱财再转送给他们一直溺爱的其他孩子。

这时，作为奉献者的这些人，会对父母有很多不满，但当父母继续向他们索取时，他们却发现，好像控制不住自己的行为，仍然是一边抱怨一边继续做出无益的奉献，而他们最常抱怨的是："我比他们更能干、更孝顺，为什么父母就不能在乎我更多一点？"

也就是说，"愚孝"者们还在寻求这样一个结果：父母终于发现他更值得爱，于是改变态度，爱他胜过其他孩子。

这种奇迹有时候会发生。一些垂垂老矣的父母终于对他们一直溺爱的孩子失去了信心和耐心，而将希望转移到了那个一直被他们忽视的孩子身上。

但更多时候，一个家庭系统的行为模式永远都没发生改变，愚孝者不管怎么奉献，也仍然得不到爱，而被溺爱者仍然是继续被溺爱。

所以，明智的愚孝者，应当放下改变父母的渴望，接受无论如何父母都不会更爱他的事实，一旦接受了这个痛苦的事实，愚孝行为就可以终止了。

奉献的结局是被忽略

相对于改变而言，更常见的事情是，愚孝者把他们的迎合游戏带到人生的每一个角落，一旦他们喜欢上一个人，他们就会祭出他们的法宝——奉献。

由此，会引出一些奇特的事情。

茜茜对我回忆说，她谈过几次恋爱，而且令她不解的是，这几次恋爱都是一个模式：男人对她一见钟情，但开始她总是不在乎他们，而他们很热情，但一旦她喜欢上一个男人，决定和他好好谈恋爱，她就会对他"百分百地好"，可是过不了多久，这个男人就会提出分手。

一开始，她说，这些男人真贱，得不到的就是好的，而一旦能得到了，他们就反而不珍惜她了。

后来，她明白，不是这么一回事。事实是，她的关系模式有问题。男人一开始追求她时，她会对他们毫不客气，而一旦她接受一个男人后，就变得过于容忍，不管那个男人多么过分，她都会视而不见。可以说，她的关系模式是"'内在的父母'严重忽视'内在的小孩'"，当男人追求她时，她以"内在的父母"自居，而将"内在的小孩"投射到对方身上，于是对他很不客气，但一旦她决定接受一个男人了，关系就会反过来，她开始以"内在的小孩"自居，而将"内在的父母"投射给对方。既然她童年时与父母的关系是极力讨好父母，那么她现在谈恋爱时也一样是极力讨好男友。

但问题是，因为父母不在乎她，所以她的奉献行为引不起父母的歉疚，但男友在乎她，所以她的奉献行为会让男友产生很大的歉疚感。于是，她的男友会对她产生莫名其妙的愤怒并不由得会疏远她，一如海瑞因塔的儿子们对妈妈的态度。

对这一点，我也小有体会。每次见她时，我都感觉好像掉进了一个温柔的陷阱，这个陷阱里的每一个细节都是她设定好的。她很善解人意，会做出很多对我有利的小事情，而同时又表示，我不必在乎，因为这实在没什么，她不会给我带来任何麻烦……

总之，好像不管走向任何一个方向，都是她安排好的，而尽管她说她什么都不在乎，但好像我还是说一点感谢的话为好，可好像她也表达了，我不必表示感谢……

那么，我该怎么办？很自然的，我的方法是忽略她。尽管第一面我对她印象很好，很想和她做好朋友，而她也很渴望和我做朋友，但我却很自然地找到了很多理由，迟迟没有再见她。

例如，一天晚上 12 点时她忽然有了一个重要领悟，然后发了一条长长的短信和我分享她的感受，但过了没一会儿，她又发来一个短信说，她的这个领悟不重要，她为打搅我有点惶恐，我不用回她的短信……

作为迎合者，她为我考虑了所有可能性，而既然我怎么做都是她的意志，那我只好表达我自己的意志——什么都不做。

中国家庭中的轮回链条

【一】

结婚时，选择的标准，不是情欲与激情，更非爱与恋，而常常是安全感。不仅长辈为儿女选择时如此，年轻人自己选择时也常是如此。结果是，婚姻相对稳定，但缺乏情感。夫妻关系是家庭的定海神针，而这一个基石，普遍没打好。

【二】

婚后，因没有感情的滋养，也因为女性更缺乏安全感，导致妻子一方感觉到孤独，于是去抓丈夫，去控制丈夫，而丈夫则觉得，本来就缺感情基础，更不愿被妻子紧紧抓住，那会让他重温幼时被妈妈吞没的噩梦，所以丈夫要选择逃走，逃走的方式可以是工作、爱好或者其他女人。

【三】

妻子感觉到更加孤独无助，但她越抓，男人跑得越远。等有了孩子后，妻子终于发现，孩子可以在极大程度上弥补她内心的空洞，于是，她开始抓孩子。并且，最好是个儿子，那么，儿子不仅弥补了情感空洞，还在相当程度上弥补了情欲的空洞。结果，她把儿子抓得更紧。

儿子被妈妈抓得很紧，那女儿呢？若妈妈内心比较健康，则可能给予同样待遇，也会被妈妈抓住，但若是一个重男轻女的家庭，则女儿容易成为妈妈的"被讨厌的内在小女孩"的投射对象，被妈妈厌恶乃至虐待，于是，造就了一个同样没有安全感甚至内心空洞更大的女性。

丈夫逃离妻子时，会愧疚与不安，也担心后院起火，当发现儿女可以填补妻子内心的空洞时，他也会将儿女推向妻子身边。所谓的恋母情结，在中国出现了变型，爸爸甚至不与儿子竞争，而是迫不及待地将儿子推给妻子，这样他就自由了。于是，他也参与造就了另一个自己。

过去主要因重男轻女，现在则主要因男人想逃离妈妈的潜意识的动力，导致做父亲的男人不仅逃离妻子，也逃离女儿，与女儿的关系也很疏远。这导致女儿即便在母爱一环上有所改善，但在父爱一环上仍相当欠缺，于是女性对得到异性的爱要更为绝望一些。

总结一下，即男孩得到母爱表面过多但质量堪忧，普遍存在着严重的被吞没创伤，这导致男孩不能表达情欲，并且会比较被动；女孩则得到母爱和父爱都比较少，容易有严重的被抛弃创伤，而她们虽也有被吞没创伤，但比较少，所以相对男孩要主动很多。

【四】

这样的男孩女孩长大了，男孩抗拒表达情欲，抗拒亲密，同时被动；女孩则不知情欲是何滋味，并因被抛弃的创伤，而对亲密有强烈渴求，但又觉得得不到，所以会找容易掌控的男人，也即被动的男人。于是，又重复了轮回的第一个链条——夫妻之间缺乏情爱。

【五】

妻子想抓丈夫，丈夫想逃，这还不够，更要命的是，婆婆也想抓儿子，而对于妈妈，儿子意识上还不能逃离。于是导致一个独特的中国现象：儿子必须和妈妈粘得紧一些，不能逃离；儿子和妻子疏远，却成了可以接受的现象，唯独妻子不能接受，但只能独自品味。

【六】

结果，婆媳关系就成了中国家庭的主要战争，目的是争夺被动的儿子，至于公公，已成了这个家庭中可有可无的一个注脚，没有人争夺他。除非他生命宽广而精彩，否则他在家庭中就是一个零。

【七】

婆媳关系中，谁都赢不了，妈妈毕竟不能得到儿子的情欲，妻子也得不到，但男人的情欲总要去找一个地方安放，于是，小三之类，就成了一个平衡物而广泛存在于重男轻女最严重的地区，而做小三的女子，也常是在自己原生家庭中得到爱最少的女子。这也是中国的一个独特现象。

更神奇的是，我听到一些故事，故事中的小三，甚至是妈妈为自己儿子找的。

【八】

若公公和岳父，在大家庭中还发挥着巨大作用，甚至成为家庭问题的直接制造者（有外遇不算，必须是主动冲突），这是因为，他们执着于权力感，不容别人挑战他们的权力，但他们不会制造特别复杂的情感关系，而只是一味要求别人服从他，这形成不了特别复杂的轮回。

以上这些，只是我个人对听到的数千个人的故事的一种经验总结，不代表真理，也不会自以为是非常全面的说法。欢迎其他朋友提供你们的想法。

虽然在专业上有自己的梦想，但我自己并不太想发明什么新的有中国特色的疗法，我只想弄明白，中国特色的家庭和中国特色的爱情是怎么回事。

看到一个网友说，莫言只是写了中国的一些真实故事，竟然被认为是魔幻现实主义，其实没有魔幻，只是纯粹的现实。

我写的也只是纯粹的现实，尽管有时被认为是魔鬼般的现实。

> 轮回中最遗憾的是，没有爱情。和一个朋友深聊，她明白，已三十六七岁的她都没品尝过什么叫情欲，遑论爱情。我则常想，若人生重来多好，要求不高，就从大学开始吧，18岁的年龄，但有38岁的智慧，一定会有绽放的青春。
>
> 大学时一友人爱用花园的意象来看人，对我的看法是，花园里到处是花，但还没开放就已枯萎了。说得真准确！
>
> 写这番话时刹那间明白（也许是投射），中国富豪们征婚时为什么总想找没有恋爱经验的处女，除了以往说的占有欲，还有幻想人生重来的念头吧。
>
> 爱情象征着美好，情欲点燃的是生命活力。哪怕爱情中不断受挫，但生命会是丰盛而绽放的。没有体验过爱情，貌似像是外部世界缺了一块，其实是内心的火焰从未被点燃过的遗憾。所以，在爱中的，大胆地去爱吧，哪怕被玫瑰刺得鲜血淋漓。
>
> 活出你的爱，活出你的生命。

有关爱的六个谎言

谎言：没有父母不爱自己的孩子

这是天下无数谎言中的 No.1。

这个谎言如此绝对，以至于很容易被驳倒。实际上，我们只需要找出一个例外就可以驳倒这个断言，而这样的"例外"又实在是太多太可怕了。譬如：

广州花都区的女孩阿俊，被母亲割掉双耳；

复旦大学研究生 ZLL，因虐杀几十只猫而轰动一时，但他虐猫的另一面却是爱猫，而这种"我爱你，所以虐待你"的变态心理却源自父亲对他的苛刻和虐待，譬如多次因小事暴打他，还常将其关在家门外过夜。

…………

尽管发生这么多父母虐待孩子的案件，仍有许多人认为，"没有父母不爱自己的孩子"是成立的。他们不讲逻辑漏洞，而强调说那些案件是特例。一个朋友对我说："父母不爱孩子的，我估计是千分之一。"

持有这种观点的人，可以上百度的"爸爸吧""妈妈吧""父亲吧"和"母亲吧"去看一看（方法很简单，打开 www.baidu.com 后，点击"贴吧"，然后单独输入爸爸、妈妈、父亲或母亲就可以进入相关贴吧）。你会发现，以爱的名义虐待孩子的父母，或者不屑于借用爱的名义而直接虐待孩子的父母，实在太多太多，而对父母仿佛有刻骨仇恨的孩子，也一样太多太多。

我自己收到的信件中，至少有20%的信件谈到了父母对自己的身体虐待或精神虐待，也有部分信件是做父母的意识到了自己对孩子的虐待，但他们控制不住自己，于是写信向我求助。

这是一个必须直面的事实。

现代的临床心理学家普遍认为，一个成年人的关系模式，在很大程度上是他童年关系模式的再现。假若一个人没有什么理由地残忍虐待甚至杀害其他人，那么可以基本推断，这个人曾被残忍虐待过，譬如虐待小保姆蔡敏敏的珠海女雇主魏娟。从这个角度上看，最终展现在一个成年人身上冷酷的恶毒，可以回溯到他的童年关系，而且多数可以回溯到他与父母的关系。复旦硕士 ZLL 在虐猫的时候，不过是把父亲对待他的方式转移到了猫身上而已。

并且，直面这个事实还有非常重要的意义。很多人控制不住自己，或者冷酷地对待自己的配偶和儿女，或者残忍地对待社会上的其他人，一个很重要的原因，是他们无法直面自己有一个"坏父亲"或"坏母亲"的事实。我们的社会特别讲孝道，即便父母虐待了自己，我们也要认为父母是对的。但是，这种理性上的接受不能遏制住他情感上的仇恨，而父母是不能恨的，所以他们把这仇恨转嫁到配偶、儿女或其他人身上了。

这种转嫁机制，是很多恶行的基础。经常有人给我写信说，他想杀人，他想伤害别人。假若你和这样的人对话，他们一开始会对你说，那些人如何如何对不起他，但随着聊天的深入，他最终会承认，最对不起他的不是那些人，而是他的父母或其他"至亲至爱"的人。

在我们这样一个特别讲孝道的社会，"没有父母不爱自己的孩子"会成为一个巨大的魔咒，让我们宽恕那些虐待甚至杀死孩子的父母，也让我们看不到恶最初是如何滋生的，从而让我们整个社会都不能直面相反的事实。在这一点上，我们需要向欧美国家学习，他们有一个较成熟的社会体系来监控父母对待孩子的方式以及剥夺严重不合格的父母的抚养权。

切记：父爱和母爱是伟大的，这是整个人类不断繁衍并传递爱的最基本、最重要的渠道。但是，这远不是说，一个人有了孩子就自动成了好父母。

真爱并不是一个简单的事情，我们必须意识到这一点，并不断检讨和反省自己对待孩子的具体方式。"没有父母不爱自己的孩子"是一个懒惰的逻辑，是父母们为自己开脱的最佳借口，假若你特别迷信这句话，你对待孩子的方式就一定需要检讨。

谎言：我爱你，所以你要听我的

这是我们社会最典型的一个爱的谎言，父母们用这个谎言控制孩子，老师们用这个谎言控制学生，男人用这个谎言控制女人，女人也用这个谎言控制男人。

这个谎言是我们的一个集体无意识，它源自我们共同的一个经历：当1~3岁的孩子蹒跚学步并开始探索世界时，大人们忍不住要替孩子们完成任务。譬如，孩子跌跌撞撞地拿玩具时，大人们递给他；孩子四处爬来爬去时，大人们因担心而制止他；孩子快乐地玩耍并大喊大叫时，大人们警告他们小声一点……

总之，大人们为了安全，为了"爱"孩子，严重妨碍了孩子探索世界的努力。

并且，等孩子长大后，我们变本加厉地这样做。譬如，帮孩子解决一切难题，替孩子做所有的决定，当孩子拒绝接受时，就以"爱"的名义强迫孩子接受。家长们在这样做，老师们也在这样做。

这样做，是在扼杀孩子的生命。

因为生命的意义在于选择，当一个人不断为自己的人生做选择时，那么不管这些选择是对是错，他的生命都会因为自主选择而丰富多彩，而他的心理能量都会不断增加。只有做过选择，一个人才算活过。假若这个人的一生中都是别人在替他做选择，那么他的生命就没有意义，不管别人给了他多少东西，不管那些选择从理性上看多么"正确"，他都会因此而虚弱无力。

以爱的名义替孩子做选择，这会有极大的迷惑性。父母觉得自己做得对，孩子也不知道该怎么反抗。但是，父母和孩子都会因此而苦恼，父母发现，他们必须一直为孩子操心，而孩子则会经常感到"闷""烦"，甚至还会有窒息感，就仿佛有人在掐着自己的脖子一样。

这种窒息感不难理解，因为父母替孩子做所有的决定，就是在从精神上掐死孩子的生命。

并且，这种"掐"看上去是非常善意的，父母这样看，孩子也这样想，社会也这么以为。理性很容易欺骗人，但情感不会骗人，被"掐"得厉害的孩子常常做出一些极端行为，来表达他们的真实情感。

现在，父母替孩子决定生活、老师替孩子决定学习的情况愈演愈烈，而孩子们的反抗也越来越强，其常见方式是网瘾和叛逆，而极端方式则是自杀和杀人。

广州近两年屡屡发生中学生和大学生自杀事件，而且没有清晰的自杀原因，看上去完全莫名其妙。我自己的理解是，他们多数是被这样"掐"死的。

极端情况之下，他们也会直接攻击"掐"他们的人，这是广州董姓大学生弑父的心理原因，也是一些中学生因老人劝诫自己好好学习而情绪失控并暴力袭击老人的原因。

这两年中学生和大学生自杀的新闻越来越多，很多在学校里做咨询的心理老师也说，学生们的心理问题越来越严重，而这两年明显严重恶化。出现这种情况的根本原因可能是家长和老师这些大人替孩子做选择的情况太严重了，孩子们的生命正被严重扼杀。

切记：如果你真爱孩子，请尊重他们的独立空间，请放手让他们自主选择，请不要从精神上杀死他们。

谎言：我爱你，所以我们不分离

大人常借爱的名义，而强迫孩子和自己粘在一起，这也是亲子关系中常见的谎言。

一个妈妈写信说，儿子上中学后，再也不肯对她说心里话了，她没有办法知道孩子想什么，很焦虑。我回信说，这是青春期的必然特点，孩子必然要刻意与父母保持一定的距离，那样才能保证自己的独立空间，做父母的没必要去做孩子肚子里的蛔虫，什么都要知道。

结果，我收到这个电子邮箱发来的第二封信。原来，这位妈妈不会用电子邮箱，前面那封信是儿子帮她发的。这次是儿子自己写来的，他赞同我的说法，"但是妈妈不愿意接受"。

这就很简单了，和孩子粘在一起不分离，这不是儿子的需要，而是这位妈妈的需要。其实，她大可以承认这一点，对儿子说，"我需要你，所以请你离我近一些，和我说说心里话"，而不必借用"我是为了你好"这种爱的谎言。

父母和孩子粘在一起，通常情况下，都不是孩子离不开父母，因为独立成长是源自生命的冲动，除非这个冲动遭到严重破坏，否则进入青春期的孩子不会乐意整天和父母粘在一起。

父母严重地黏孩子，会造成很多恶果。最常见的是会阻碍孩子向外发展的动力，孩子为了满足父母的需要，而停止了独立成长，甚至都拒绝谈恋爱，因为他们会觉得那是对父母的背叛。

切记：做父母的，应经常问自己一句：这样做，真的是为了孩子吗？还是为了我自己？

谎言：婆媳关系

这个词语本身就是一个谎言，因为它听上去是婆婆和媳妇的二元关系，却忽视了本质——这是婆婆、媳妇和儿子的三角关系。

并且，这个三角关系的核心是儿子，而不是婆婆和媳妇。从这个角度看，婆媳关系是一个再糟糕不过的词语，因为这给了儿子一个借口，让他从容地说，这是两个女人的事情，他可以做的事情不多。实际上，他才是核心，才是解决问题的关键，如果他袖手旁观，那么所谓的婆媳关系是很难处好的。

这个三角关系，看上去是中国传统的大家庭观念所导致的结果。因为大家庭观念，我们习惯在结婚后，把男方的老人接来一起生活。这样一来，媳妇和儿子的这个新家庭，就和原来的大家庭搅在一起，从而很容易出问题。因为，传统上，媳妇的角色是最不重要的，她是大家庭的"外来者"，一开始必然难以融进大家庭的体系。但是，现在的家庭中，媳妇和儿子差不多同等重要，她一样要承担经济压力，一样要去外面奔波，而且一样拥有很多资源，她必然认为，这是她的家，而不是婆婆的家。如果婆婆认为，这是自己的家，并忍不住要在这个家中做主，就势必会起冲突。假若儿子上了"婆媳关系"这个词语的当，不积极调解，那么这个家庭很容易支离破碎。

不过，问题的实质还不是大家庭，而是俄狄浦斯情结，即恋母情结——反过来说是恋子情结。俄狄浦斯情结是奥地利"精神分析之父"弗洛伊德提出的，但国内心理学界普遍认为，中国人的俄狄浦斯情结更严重。

因为，传统中国家庭是失衡的，亲子关系是核心，夫妻关系是配角。在这种模式下，母子关系几乎必然重于夫妻关系。也就是说，对于一个妈妈而言，儿子是她最重要的情感寄托，丈夫最多排在第二位。

这样一来，儿子一旦结婚，就意味着做妈妈的将失去自己最重要的情感寄托，这种巨大的丧失恐怕没谁愿接受。不甘之下，婆婆免不了展开一场和儿媳的争夺战。

必须强调的是，婆媳关系成为中国最典型的困扰性话题也有一个前提：公公婆婆和儿子儿媳一起生活。相反，假若是岳父岳母和女儿女婿一起生活，那么婆婆和儿媳之间的麻烦将被岳父和女婿的困扰所取代。

因为，夫妻关系是亲子关系的配角，这一传统不仅造成了妈妈恋子，同样也造成了爸爸恋女。一个女子因和父亲的关系太紧密，并且和父母一起生活的时间超过丈夫，最终可能令丈夫离她而去。

大家庭并不是问题，假若大家庭尊重小家庭的独立性，并且，公公婆婆彼此相爱，他们的夫妻关系重于亲子关系，那么即便公公婆婆和儿子儿媳住在一起，婆媳关系也不会成为问题，因为婆婆失去的只是自己生命中第二重要的人，那是可以承受的。同样地，岳父岳母假若彼此深爱，那么，他们和女儿女婿住一起也不是问题。

切记：婆媳关系是一个谎言，三角关系才是真相，而作为三角关系核心的儿子，是调解婆媳关系的最佳人选，假若他不想自己的家庭四分五裂，他当负起责任来，积极地去调节母亲和妻子的关系，而不是逃避。

如果你是长辈，则请记住"孩子不该是你的最爱"，配偶才是你最重要的爱人。

谎言：嫉妒

婆媳关系是一个烟幕弹，掩盖了真正的问题。同样地，"嫉妒"这个词语也常是一个烟幕弹，掩盖了真正的问题。

所以，嫉妒也是一个爱的谎言。

看上去，嫉妒也是一个三角关系，"我"因为"你"垂青另一个人，而吃起了另一个人的醋。但实际上，嫉妒常是一个借口，目的是控制情侣、伤害情侣。或者从根本上说，是为了转嫁自己的自卑感。

比较有名的嫉妒狂是邱兴华，他认为妻子被道观主持熊万成摸了一下，因此杀了十个人，后来还计划再杀十个人，其中包括妻子。

表面上看，这个系列杀人案起因是嫉妒。邱兴华说，熊万成高大帅气，而他矮小猥琐，妻子当然会喜欢熊万成，并因此没有反抗熊万成的"性骚扰"。

但实质上，嫉妒只是邱兴华的虚晃一枪，其实质是在通过嫉妒转嫁他的超低价值感。邱兴华的妻子说，她丈夫是最近一年多时间才变得特别爱吃醋的，经常会无端猜疑她和其他男人有染，有时因此暴打她。也恰是在这一段时间内，邱兴华接二连三地遭遇挫折，最终基本失去了养家糊口的能力。

瑞士心理学家维雷娜·卡斯特[①]说，嫉妒狂的自我价值太低，他们因此很

[①] 维雷娜·卡斯特（Verena Kast），瑞士心理学家、苏黎世大学心理学教授，代表作有《克服焦虑》等。

需要用嫉妒将这种不好的感受转嫁出去。对他们而言，嫉妒的意思就是：不是我搞砸了我的生活，而是你把我的生活搞砸的。并且，因为根本不愿意面对超低的自我价值感，他们甚至都不能承受恋人对自己的直接否认，而非得需要一个三角关系，即：不是我让你不喜欢，而是另一个人让你不喜欢我。这样一来，就有了两个人去承受他转嫁而来的自卑感。

在第一个谎言中，我们讲到，将童年与父母的关系中产生的恨转嫁到其他关系上是最常见的恶行。嫉妒也是这个道理，那些常吃妻子醋的男人，你可以在他和母亲的关系上找到答案；那些常吃丈夫醋的女人，你可以在她和父亲的关系上找到答案。

此外，嫉妒狂常强迫情侣断绝一切关系，最终只与他一个人交往。这常是因为他曾被父母严重"抛弃"过，所以他现在要让她断绝一切可能的三角关系，从而牢牢地控制住这个新的"父母"，以防自己再被抛弃。并且，他会用强大的意志实现这一点，有时会使用暴力，从而给情侣造成巨大伤害。

这是心理上的"刻舟求剑"，虽然现在的船已不是原来的船了，但他还是忍不住要在现在的船上寻找答案。

切记：如果你嫉妒成性，那么请你提醒自己，这极可能是你的问题，不是情侣的问题。并且，不要从现在的亲密关系上找答案，而应该从原生家庭的童年关系上找答案。

同样，如果你的情侣嫉妒成性，那么请你懂得，这不是你的错，你再怎么严格要求自己，都无法遏制他的嫉妒。所以，不要因为他的要求，而一一断绝你的社会关系，那会严重伤害你自己，并且也于事无补。假若嫉妒成性的他使用过暴力，那么绝对要注意保护自己，因为他几乎必然会再次使用暴力。

此外，也请理解他，明白他是因为自我价值感太低才这样做。

谎言：爱，是为了幸福和快乐

这是关于爱情的最大的谎言！

爱情，尤其是激情式的爱情、让你非常有感觉的爱情，其真正动人之处，并非幸福和快乐，而是强迫性重复。

什么时候会有激情式的爱情诞生呢？答案是，当童年时的现实关系模式和理想关系模式同时再现时。我们不会平白无故地对一个人产生强烈的感觉，那感觉一旦产生，就必然有其道理。

用一句话来说，就是你的灵魂深处认为，那个人是"答案"，既是让你强迫性重复的答案，也是解开你的强迫性重复的答案。

譬如前面提到的嫉妒狂，他童年时被母亲严重抛弃过。等长大后，他会对一个特别像母亲的女子产生强烈的感觉，但等建立关系后，他会要求这女子断绝一切社会关系，只和他一个人在一起。

这样做有双重含义。第一是强迫性重复，找到了一个像母亲的女子；第二是治疗强迫性重复，他强迫这个像母亲的女子无条件地抛弃其他所有人，自己再也不可能因为其他人而被抛弃，这就好像是治疗了他童年的伤痛。

但问题是，这样做是"刻舟求剑"，他在现在的船上的位置，找不到以前失去的答案。他最终会因此而发狂，从而对这女子产生激烈的恨，但这恨意，其实本来是针对他母亲的。所以，无论他怎样对这女子泄恨，都无济于事。

最终，这女子因为无法忍受他，而离开他。结果，他童年的命运，再一次被重复。他一边感到受伤，一边也会因此而自得：看，我早料到，女人不是什么好东西，一定会不忠于你。

其实，这个结果也是他所推动完成的。

强迫性重复有很大的诱惑，这也恰恰是激情式爱情的诱惑。本来，一次激情式的爱情，是治疗自己童年创伤的最佳机会，因为它会完美地再现童年关系模式的绝大多数感觉，可以让自己借此意识到自己的诸多问题，然后才有可能去解决它们。

不过，很多人在激情式爱情中拒绝反省，认为爱情中的问题一定是对方的问题，就像童年时，他完全无能为力，所以只好归咎于父母一样。因为这种心理，很多人在激情式爱情中得不到治疗，最终只是一次简单的强迫性重复。

但是，激情式爱情——也即强迫性重复的诱惑是无穷的，那些没有在激情式爱情中成长的人，反而会迷上激情式爱情，而不断按照一个或两个模式一次次地陷入新的爱情中去。比较经典的例子是美国前总统克林顿。一个媒体找出了他数十个情人的照片，从相貌看基本可以分为两类，一类像希拉里这样的女强人，一类像莱温斯基那样的傻女孩。

不仅如此，即便走入婚姻的爱情也并非因为幸福和快乐才走到一起的，强迫性重复的威力非常强大，我们经常可以在自己和别人的生活中发现，某某娶了一个"妈妈"，而某某嫁给了一个"爸爸"。

这种强迫性重复的魅力，绝对强过幸福和快乐的诱惑。又如，美国一女子嫁给了一个死刑犯，这种选择也是强迫性重复。因为，她爸爸是"坏蛋"，她童年时和其他有"坏蛋"爸爸的女孩一样，希望能改变爸爸，让爸爸爱自己，好好对自己，但这种改造失败了，爸爸丝毫没改变，还是虐待她。于是，她将这种改造梦想压在内心深处，等长大后，再看到一个特别像爸爸的"坏蛋"男人，就会心旌摇曳，动心得不得了。但这动心，并非因为看到了幸福和快乐的可能，而是看到了完美的强迫性重复的可能——她可以再次在一个"坏蛋"男人身上实施她的改造梦想，而且因为这男人正在监狱接受改造，所以这个改造梦想看上去仿佛很容易实现。

因为这种心理，美国很多死刑犯反而在监狱里做了新郎，而且还常有几十个女子一起争夺嫁给他的资格呢。

切记：特别动心的时候，要提醒自己，这未必就是幸福。相反，这倒很可能意味着危险，意味着你渴望重复过去的灾难。

不过，即便是灾难，也不必太否定自己的情感，因为，假若一次激情式爱情是坏的强迫性重复，那很可能也是你灵魂的需要。并且，你也的确有可能在这次坏的强迫性重复中得到部分治疗。但是，这有一个前提，是你必须反省，必须主动借这次强迫性重复理解你的人生。

此外，如果是严重自毁性的强迫性重复，那不管它是不是灵魂的渴求，你都不大需要，因为你可以借助心理治疗在心理咨询室中安全地展示你的强迫性重复，并最终得到治疗。

关系，尤其是亲密关系，是心理活动和心理需要的核心。爱，则是令亲密关系健康流动的最高原则。

我们都懂得这一点，但可惜的是，有太多的错误假借了爱的名义，结果使得关于爱的谎言在这世界上大肆横行，最终令我们部分失去了判断爱和恨的能力，令我们不懂得自己的爱与恨，也不懂得分辨别人的爱与恨，许多被爱的谎言严重伤害的人，干脆最后就再也不爱了，因为他们的一生中，被"爱"伤害了太多太多。

为了真爱，我们必须懂得"假爱"，假若你因某个亲密关系而伤痕累累，那一定不是爱让你伤痕累累，而是"假爱"令你伤痕累累。"假爱"背后可能是麻木，也可能是恨，我们必须懂得这一点，才不会对真爱失去信心。

中国人的情感模式

中国人的情感模式普遍都是在找妈妈。男人找老婆就像是在找妈妈，只要一个女人给他温暖的感觉，让他放低戒备，觉得自己像小孩儿，那他很容易就被收服了。

女人同样也是如此，她们渴望宽厚无私的爱和照料。无论是萝莉找大叔，还是通常婚恋标准中让女人放心的忠厚男人，其实都是"妈妈"——一个被阉割的、具有母性的男人。

为什么我们处理不好亲密关系？

声称最重视孩子的中国父母，实际是最容易忽略孩子的。中国父母有一个十分陈旧的观念，认为孩子小的时候怎么对他都无所谓，越大就越应该重视、尊重他。婴幼儿时期不亲密，长大后又瞎亲密，处理不好爱与自由的关系。

孩子在三岁到六岁之间是十分脆弱的，成年后很多问题的根源都来自这个阶段。精神分裂症等严重的人格障碍则源于六个月之前的严重心理创伤。所以，**孩子越小就越需要妈妈的关注和爱，在婴儿一岁之前，怎么爱他都不过分。**

新的精神分析理论认为，母亲对于孩子未来的情感方式和生活的幸福是起决定作用的。三岁之前，父爱可以不存在，爸爸的作用只是支持妈妈，给妈妈安全感，而不是直接发挥作用。但是，中国人的产假只是给妈妈一个身体恢复的时间，中国家庭中的老人又习惯把孩子从妈妈身边"抢走"，社会与家庭一起制造了母亲与孩子的分离。

在一个有男权倾向的社会，妈妈作为外来者进入一个家庭是孤立无援的，爸爸把自己的父母放在第一位，儿女放在第二位，情感上，妈妈永远是最末位的。当母亲有了儿子，她便将自己对丈夫的欲望转移到儿子身上，儿子总是害怕被母亲的爱所吞没，于是便有抗争，抗争的结果是，将逃离妈妈的欲望转移到自己老婆身上。在父权色彩浓重的广东潮汕地区，一般男人不会离婚，老婆就是妈妈、是责任。

从心理分析的角度看，妻子是合法的性伴侣，男人对众所周知的性爱有羞耻感，因为这令他想到对母亲的情欲。所以，很多男人会在妻子之外找另外一个女人来谈情说爱。这样，被丢在家里的妻子、一个缺爱的妈妈所生的孩子里，男孩会与来自母亲的情欲纠缠，而女孩，则容易成为妈妈"被讨厌的内在小女孩"的投射对象。

通常我们第一个爱上的都是自己的妈妈，如果与妈妈的亲子关系构筑得不好，成年之后，就很难处理好与另一半的亲密关系。童年的内心模式在成年就会呈现出来，这样就形成一个轮回。

为什么萝莉爱大叔？

萝莉总是嘟着嘴要吃奶的样子，她们渴望被包容，需要安全感，但是同龄人只有活力、热情。大叔就是妈妈，一个没有乳房的"妈妈"。大叔都是被阉割的，如果面对成熟的女性，他们会自卑于自己的男性力量，但是萝莉让大叔有了用武之地——"喂奶"。

按照正常的心理发育，如果女孩在原生家庭中从父母那里得到了足够多的爱，那么到了大学毕业的年龄，应该寻找激情和独立的情感。如果这个时候有个人对你说，你不用工作，每个月给你多少钱，我来照顾你，正常女孩一般都会拒绝的，因为她不想被约束。但是爱大叔的萝莉只是生理年龄到了，心理年龄还停留在拉着爸爸的手探索世界的阶段。

其实每个时代的中国女性都有大叔情结，中国总体上是个男权社会，女性缺乏安全感，无论是在家庭还是社会，相对于她们的兄弟，根本上得到的关注和爱更少。我有一个来访者跟我讲过，在有些重男轻女现象比较严重的地区，有一些高中生与大叔在一起，不是要大叔的钱，只是希望从这些大叔身上获得一些关注和爱。她们往往是多子女家庭中被忽略的孩子，与大叔的关系中，还会重复她们之前被忽视的关系模式——那个男人有自己的家庭，不会将所有的关注倾注在她一个人身上。

很多大叔在小时候便是懂事、少年老成、不用父母操心的好孩子，小孩子的那一部分天性被过早丢掉了。他们与萝莉在一起，在"喂奶"的同时，也满足了一部分回到童年的幻象，是对自己的一种补偿。

为什么会有小三？

小三有三种类型：一种是想要物质上的满足，另一种是想要赢，最后一种是做小三上瘾。小三成瘾的女人一般都比较会折腾，但是一旦男人为她放弃家庭转向她，她马上就跑开了。因为她们只想构建三角关系，她们通常受恋父情结折磨，小时候在与妈妈的竞争中失败了，长大后要修正这个错误。但是，又不能完全把"爸爸"夺走，因为这样会得罪"妈妈"，会让自己很羞愧。

我一位朋友，才24岁，已做过十次以上小三了，与她在一起时间最长的一个男人对她说，曾经考虑过与妻子离婚，然后跟她结婚，但是后来发现，幸亏没有离婚，因为她对他老婆的兴趣大过他本人。这个女孩开始并不明白自己为何陷入这种情感模式，后来看小说《道德颂》受到了启发，小说的女主人公认为三个人的关系比两个人的关系有趣得多，可以时刻处于战争状态。她怀了那男人的孩子，但最后把孩子打掉了。她一直以为对手是一个强大的女人，后来发现，这个女人已经奄奄一息了。然后便有了胜利者的失落，为了应对自己的愧疚，就把腹中的孩子打掉了。

我还有一位朋友，有过三段第三者恋情，每一次都是在男人表示很爱自己妻子或者女朋友的状况下爱上对方的。因为她认为男人很爱"那个女人"，她就可以争一下，而且相信这个男人一定可以更爱她。她的逻辑在别人看来很奇怪，但是继续考察她与男人的交往模式就可以看到某种合理性，比如，她对于男人的需求比较低，只要节假日来看她就可以了。她处于爱的绝望中，将恋父情结一直维持在没有实现的状态，接受了竞争不过"妈妈"以及得不到"父爱"的事实。

在广东潮汕和客家地区，有比较典型的重男轻女现象，很多家庭为了要一个男孩，之前生了好几个女孩，当这个男孩出生后，家长又把所有的注意力集中到男孩身上。这个地区有很多男人包二奶，而且总有看起来无怨无悔的女孩投入这样的关系。她们来自重男轻女的家庭，都不习惯于独享一个男人，觉得分得一份爱情就满足了。所以，这些地区就有这种奇特的现象：女人无论受多大的委屈都不离婚，而另一部分女人甘愿去做二奶。

真正很爱自己的女人是没有办法与他人分享另外一个男人的。在三角关系中，得利的是男人，痛苦的是两个女人，如果男人有足够的同理心，应该不会去构筑这种让人痛苦的关系。

为什么好男人总是被"坏女人"搞定？

中国男性有一多半是那种没有力量的老好人，没有活力。传统意义上的"好女人"是道德高尚但乏味的，而且在家里又总是暗示、攻击、指责别人道德低下。与男人一样，这样的女人也是没有活力的。但是，充满欲望的女人是有活力的。比如田朴珺，媒体上关于她的信息让我们看到一个积极主动、欲望强盛的女性。她跟邓文迪很像，都是可以很直接地向男人示好、撒娇的，她们会凶悍地对待对方，也会凶悍地维护自己的利益。

人类在寻找另一半的时候往往是在找一种圆满，将自己没有的那部分补足。这是无意识的，而且带有普遍性。所以，我们可以看到很多好男人都被"坏女人"搞定了，因好男人渴望拥有坏女人身上的那份活力。

为什么不能乱性？

一些女人用身体与男人做交易以换取她们想要的地位、发展机会。但是她们并不是都能贯彻好所谓的游戏规则。无论是中央编译局女博士还是那些出来爆料的官员情妇。她们都轻视了自己对感情的态度，以为利用身体达到目的就行了。但是实际上，一旦陷进去，与对方发生性关系，就会对对方产生依赖,虽然那不一定是爱,但是当对方与她断绝关系时,她就会有一种强烈的被抛弃感。人是情感动物,得到的爱越少,爱的空洞就越大,一旦与人建立关系,就害怕被抛弃。

现在人们认为爱、性和婚姻是可以分开的,人对感情是有需求的,但是不能用错误的方式来实现。我曾经在婚恋网站上看到过一个经历了三百次一夜情的男人的自白,他说,自己每经历一次为了性而性的关系,就会对人性有一次更深的失望。人们经常过高估计自己,以为自己会很潇洒,其实情感是最玩不起的。就像波兰著名导演基耶斯洛夫斯基在电影《十诫》中所说的,深情是存在的,而且深情不可亵渎。

为什么没有人可以爱?

人的内心既有对爱的渴望也有对爱的绝望。当爱的渴望级别很高时,就很容易建立亲密关系,但是如果爱的绝望很深,也不渴望,就很容易成为橡皮人,也就是我们在现实中看到的超级宅男和超级剩女。很多人会认为剩女是择偶标准太高,其实是她们害怕去爱,害怕渴望得不到满足后的痛苦。不让情感升起,就不存在失望了。根据我接触的个案,只要是想结婚的都结婚了,在这一点上,真的可以心想事成。

有人说,爱情发生的概率很低,这反映了他内心的局限,因为对爱绝望,范围才会那么狭窄。

一个圆有360度,有的人非得在361度上找爱,那他永远找不到;有的人有36度,那么他就有十分之一的可能性;有的人能在180度上找到,那么他就有一半的机会。真正的爱是活出来的,幸福不在于找对一个人,就像美国人本主义心理学家罗杰斯所说,爱是深深的理解与接纳。两个人的关系越来越深,就不容易审美疲劳。

前人有总结,一对相爱的男女,通常会经历三个阶段:第一个阶段,一加一等于一,你跟我想象的完全一样,这是激情期。心理学上说,这是情结与情结对上了,其实你看不见我,我也看不见你,但是,你和我头脑中想象的一模一样。彼此都活在幻觉中。第二个阶段,一加一等于零,我的一切人生痛苦都是因为你。婚姻战争中最常见的问题就是试图改造对方,当筋疲力尽,发现对方完全是另外一个人时,还愿意接受那个真实的他,才是爱。也就是进入第三个阶段,一加一等于二,你是你,我是我,但是我们在一起。

为什么会喜欢同性?

按照弗洛伊德的说法,孩子三岁就有了性欲,恋母情结是一个普遍的问题。我接触过一个个案,有一个男孩一直与妈妈睡一个被窝,一开始他把自己的情欲关了起来,后来实在关不住,为了防止情欲流向母亲,他选择了同性伙伴。情欲宣泄之后会很愉悦,愉悦就形成一种执着,后来不断地强化成一种性取向。还有一个比较典型的例子,时尚大师麦昆的同性恋倾向很大程度上来源于恋母,他有同性恋伙伴,但是他的恋人永远都不及他的妈妈、他的导师或者像 Lady Gaga 这样的女性来得耀眼。他最依恋的人是母亲,在接受媒体采访时,曾说自己最害怕妈妈比他早死,最后他果然在母亲去世后自杀了。他的事业选择也与母亲相关,因为母亲爱好缝纫。但是不能跟妈妈一起生活,不能爱上妈妈,所以将情欲流向了他认为安全的宣泄对象——男人。

当然,这只是我接触到的同性恋的一种案例,并不能涵盖所有情况。

为什么婚姻没有安全感?

中国人有七成至八成的婚姻都是建立在安全感基础上,婚姻安全的最高境界是彼此成了亲人,因为亲人是不会离开你的,想起他就很亲切,但实际上也很少想起他。

关于安全感,中国人有单一的物质化界定,比如房子、车子。没有房子就不能结婚,所以说,丈母娘推动了中国的房价。爱情还是物质,这种选择题的出发点就是错误的,为什么不能先有爱情然后再有物质条件呢?中国人总是在劝那些在婚姻关系中没有爱情的人,别贪心,不可能得到一切。他们一定不会将爱情放在特别重要的位置,但是,真正能够制造安全感的只有爱。

家是港湾，爱是退路。

图书在版编目（CIP）数据

为何家会伤人 / 武志红著.—北京：北京联合出版公司，2018.6（2021.12重印）

ISBN 978-7-5596-1319-6

Ⅰ.①为… Ⅱ.①武… Ⅲ.①心理学—通俗读物 Ⅳ.①B84-49

中国版本图书馆CIP数据核字（2017）第299935号

为何家会伤人

作　　者：武志红
责任编辑：李　伟

北京联合出版公司出版
（北京市西城区德外大街83号楼9层　100088）
河北鹏润印刷有限公司印刷　新华书店经销
字数：267千字　710毫米×1000毫米　1/16　印张：20.25
2018年8月第1版　2021年12月第15次印刷
ISBN 978-7-5596-1319-6
定价：58.00元

未经许可，不得以任何方式复制或抄袭本书部分或全部内容
版权所有，侵权必究
如发现图书质量问题，可联系调换。质量投诉电话：010-82069336